ZEITSCHRIFT FÜR ANGEWANDTE MATHEMATIK UND MECHANIK

INGENIEURWISSENSCHAFTLICHE FORSCHUNGSARBEITEN

BAND 57 | 1977 | HEFT 12

AUS DEM INHALT

H A U P T A U F S Ä T Z E

K L E I N E M I T T E I L U N G E N

B U C H B E S P R E C H U N G E N

THEORIA CUM PRAXI

A K A D E M I E - V E R L A G · B E R L I N

ZAMM Bd. 57 Nr. 12 S. 681—732 Berlin, Dezember 1977

EVP 18,— M

34115

INHALT

Hauptaufsätze

Wir bitten, **Manuskriptsendungen** zweifach (Original und eine Kopie, sprachlich einwandfrei, Formeln mit Maschine oder in Druckschrift geschrieben) an folgende Anschrift zu richten:

Zeitschrift für Angewandte Mathematik und Mechanik z. Hd. Herrn Prof. Dr. Günter Schmidt
Zentralinstitut für Mathematik und Mechanik an der Akademie der Wissenschaften der DDR
DDR-108 Berlin, Mohrenstraße 39.

Zu den Arbeiten, die als Hauptaufsätze bestimmt sind, ist auf gesondertem Blatt eine Zusammenfassung von 5 bis 10 Zeilen in englischer und (möglichst) deutscher und russischer Sprache beizufügen. Ausführliche Hinweise für die Autoren, um deren strikte Berücksichtigung gebeten wird, finden sich im Anschluß an das Inhaltsverzeichnis des Jahrganges **56** (1976).

Die Autoren erhalten von den Hauptaufsätzen 75, von den Kleinen Mitteilungen 25 Sonderdrucke ohne Berechnung, darüber hinaus weitere Sonderdrucke gegen Berechnung.

Der Verlag behält sich für alle Beiträge das Recht der Vervielfältigung, Verbreitung und Übersetzung vor.

Bezugsmöglichkeiten: Bestellungen sind zu richten

- **in der DDR** an den Postzeitungsvertrieb; an eine Buchhandlung oder an den Akademie-Verlag, DDR-108 Berlin, Leipziger Straße 3—4
- **im sozialistischen Ausland** an eine Buchhandlung für fremdsprachige Literatur oder an den zuständigen Postzeitungsvertrieb
- **in der BRD und Westberlin** an eine Buchhandlung oder an die Auslieferungsstelle KUNST UND WISSEN, Erich Bieber, 7 Stuttgart 1, Wilhelmstraße 4—6
- **in Österreich** an den Globus-Buchvertrieb, 1201 Wien, Höchstädtplatz 3
- **im übrigen Ausland** an den Internationalen Buch- und Zeitschriftenhandel; den Buchexport, Volkseigener Außenhandelsbetrieb der Deutschen Demokratischen Republik, DDR-701 Leipzig, Postfach 160, oder an den Akademie-Verlag, DDR-108 Berlin, Leipziger Straße 3—4

ZEITSCHRIFT FÜR ANGEWANDTE MATHEMATIK UND MECHANIK
Herausgeber und Chefredakteur: Prof. Dr. Günter Schmidt (redaktionelle Mitarbeit: Dr. W. Heinrich und Dr. H. Weinert), Zentralinstitut für Mathematik und Mechanik der Akademie der Wissenschaften der DDR. Verlag: Akademie-Verlag, DDR-108 Berlin, Leipziger Straße 3—4; Fernruf: 2236221 oder 2236229; Telex-Nr.: 114420; Postscheckkonto: Berlin 35021. Bank: Staatsbank der DDR, Berlin, Kto.-Nr.: 6836-26-20712. Anschrift der Redaktion: Zentralinstitut für Mathematik und Mechanik der Akademie der Wissenschaften, DDR-108 Berlin, Mohrenstraße 39; Fernruf: 2000561.

Veröffentlicht unter der Lizenznummer 1282 des Presseamtes beim Vorsitzenden des Ministerrates der Deutschen Demokratischen Republik. Gesamtherstellung: VEB Druckerei „Thomas Müntzer", DDR-582 Bad Langensalza. Erscheinungsweise: Die Zeitschrift für Angewandte Mathematik und Mechanik erscheint monatlich. Die 12 Hefte eines Jahres einschließlich Tagungsheft bilden einen Band. Bezugspreis je Band 300,— M zuzüglich Versandspesen (Preis für die DDR 216,—M). Bezugspreis je Heft 25,— M (Preis für die DDR 18,—M). Bestellnummer dieses Heftes: 1009/57/12.

AN (EDV) 35 937

ZAMM 57, 681 – 692 (1977)

A. RENGER

Spektralanalyse einer Klasse von periodisch instationären stochastischen Impulsprozessen

Es wird das Frequenzangebot von stochastischen Impulserregungen mit zufallsgestörtem periodischem Takt statistisch beschrieben. Dabei erweist es sich als notwendig, den Distributionenkalkül zu benutzen.

The "frequency content" of random impulse excitations with randomly disturbed periodic tact is described in a statistical manner. For an exact mathematical formulation it is necessary to use distributions.

Статистически рассматривается диапазон колебаний импульсных возбуждений с периодическим тактом, подверженным случайным воздействиям. Из рассмотрения вытекает, что, в этом случае, необходимо использовать методы обобщённых функций.

1. Einleitung

In [7] wurden vom Verfasser und K. N. GUPTA stochastisch deformierte Impulsfolgen untersucht, die dadurch gekennzeichnet sind, daß sich ein durch einen stationären Zufallsprozeß $\xi(t)$ deformierter deterministischer Impuls $f(t)$ von konstanter Zeitdauer in seinen zufälligen Realisierungen periodisch wiederholt. Der so entstehende stochastische Impulsprozeß erwies sich infolge des für die Eintreffzeiten der Impulse zugrunde gelegten periodischen Taktes als periodisch instationär.

In der vorliegenden Arbeit wird ein etwas anderer Typ von periodisch instationären Impulsprozessen spektralanalytisch beschrieben. Der Impuls soll nicht mehr durch einen Zufallsprozeß deformiert werden, sondern bis auf einen zufälligen konstanten Faktor seine Form behalten. Dagegen wird die Impulsdauer als eine Zufallsgröße betrachtet, und ferner werden zufällige (und beliebig große) Abweichungen der Eintreffzeiten vom periodischen Takt zugelassen. Mathematisch läßt sich der Impulsprozeß dann durch den Ansatz

$$x(\lambda, t) = \sum_{n=-\infty}^{+\infty} \xi_n(\lambda) f\left(\frac{t - t_n(\lambda)}{T_n(\lambda)}\right); \qquad -\infty < t < +\infty \tag{1}$$

erfassen, wenn noch zusätzlich für die Impulsfunktion

$$f(x) \neq 0 \qquad \text{nur für} \qquad 0 \leqq x \leqq 1 \tag{1a}$$

und für die Eintreffzeiten

$$t_n(\lambda) = nT_0 + \varepsilon_n(\lambda) \tag{1b}$$

gefordert wird. Hierbei ist T_0 eine feste Periodendauer, während $\varepsilon_n(\lambda)$ Zufallsgrößen sind, die die zufälligen Abweichungen der Eintreffzeiten vom periodischen Takt kennzeichnen. Infolge der Bedingung (1a) stellt $T_n(\lambda)$ gerade die Zeitdauer des n-ten Impulses dar. Es gilt also stets $T_n(\lambda) > 0$.

Wir setzen voraus, daß die auf dem gemeinsamen Wahrscheinlichkeitsgrundraum $[\Lambda, \mathfrak{A}, P]$[1]) definierten Zufallsgrößen $\xi_n(\lambda)$, $T_n(\lambda)$, $\varepsilon_n(\lambda)$ paarweise voneinander unabhängig und die Zufallsfolgen $\{\xi_n(\lambda)\}$, $\{T_n(\lambda)\}$, $\{\varepsilon_n(\lambda)\}$ im engeren Sinne stationär sind. Eine mögliche Realisierung des Impulsprozesses zeigt Bild 1.

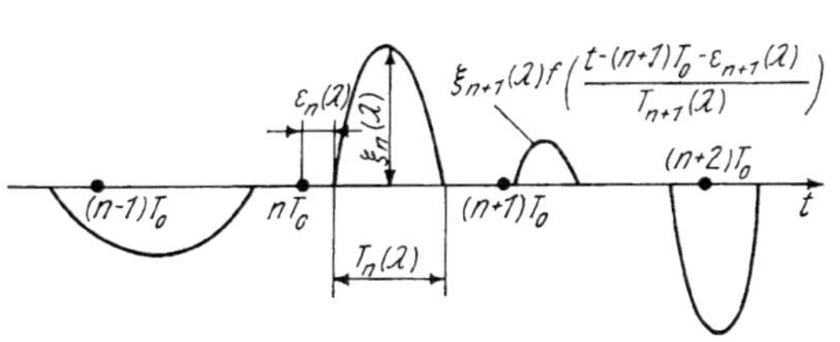

Bild 1 Mögliche Realisierung des stochastischen Impulsprozesses (1)

Der vorgestellte Typ eines stochastischen Impulsprozesses kann offensichtlich auch als eine in bestimmter Weise zufallsgestörte periodische Erregung interpretiert werden. Hält man nämlich die Größen $\xi_n(\lambda)$, $T_n(\lambda)$ und $\varepsilon_n(\lambda)$ konstant, so geht (1) in eine periodische Funktion mit der Periodendauer T_0 über.

Speziellen Varianten des hier behandelten Typs von stochastischen Impulsprozessen begegnet man in vielen Gebieten der Technik. Neben der Mechanik, wo mitunter Belastungen, wie sie im Maschinenbau auftreten, durch eine solche Zufallsfunktion erfaßt werden können, sind vor allem die Nachrichtentechnik und die biomedizinische Technik zu nennen.

[1]) Es bezeichnen Λ die Menge der Elementarereignisse λ, $\mathfrak{A}$ eine σ-Algebra von Teilmengen der Menge Λ und P das auf den Mengen der σ-Algebra definierte Wahrscheinlichkeitsmaß.

Für eine Schwingungsberechnung von solcher Art fremderregten Systemen ist es notwendig, das in den Impulserregungen enthaltene Frequenzangebot statistisch zu charakterisieren. Die Nachrichtentechniker tun das mit der Bestimmung des sogenannten „energetischen Spektrums“, das eine zeitgemittelte Spektraldichte darstellt (s. z. B. [1]). Infolge der Zeitmittelung wird dabei nur noch das Frequenzangebot eines in dem Impulsprozeß enthaltenen stationären Teilprozesses erfaßt. Wie in [7] und [8] jedoch gezeigt wurde, kann es bei Schwingungssystemen, die durch derartige Impulsprozesse fremderregt werden, zu Resonanzen kommen, die gerade durch die periodisch instationären Komponenten ausgelöst werden. Diese Resonanzerscheinungen äußern sich in beträchtlichen periodischen Schwankungen der Ausgangsdispersionen, und zwar treten sie gerade dann auf, wenn die dem mittleren Impulsabstand (T_0) zugeordnete Grundfrequenz oder eine Vielfache von ihr mit der Summe oder Differenz zweier beliebiger Eigenfrequenzen des Systems übereinstimmen. Es liegt also eine formale Analogie zu den wohlbekannten Kombinationsresonanzen bei determinierter Parametererregung vor.

Aus diesen und anderen Gründen erscheint eine im Rahmen der Korrelationstheorie exakte spektralanalytische Beschreibung, in der insbesondere das gesamte Frequenzangebot ausgewiesen wird, als notwendig. Dies geschieht in der vorliegenden Arbeit mittels einer in [9] dargelegten Methode, die auf dem Distributionenkalkül beruht und auch strengen mathematischen Maßstäben genügt.

2. Charakterisierung des Impulsprozesses im Spektralbereich

Das Frequenzangebot des stochastischen Impulsprozesses wird durch die (inverse) FOURIER-Transformierte (F. T.) der Mittelwertfunktion $m_x(t) = \mathrm{E}[x(\lambda, t)]$ und der Kovarianzfunktion

$$K_{xx}(t_1, t_2) = \mathrm{E}[\mathring{x}(\lambda, t_1)\, \mathring{x}(\lambda, t_2)]\,; \quad \mathring{x}(\lambda, t) = x(\lambda, t) - m_x(t) \tag{2}$$

charakterisiert. Schwierigkeiten ergeben sich zum einen dadurch, daß eine direkte Berechnung insbesondere der Kovarianzfunktion sehr kompliziert und außerordentlich mühselig ist. Vor allem aber sind weder $m_x(t)$ noch $K_{xx}(t_1, t_2)$ für den betrachteten Impulsprozeß über den gesamten R^1 bzw. R^2 absolut integrierbar, so daß die genannten F.T. im gewöhnlichen Sinne gar nicht existieren. Wir benutzen deshalb das in [9] entwickelte Vorgehen, bei dem über das Integral

$$\langle x(\lambda), \varphi\rangle = \int_{-\infty}^{+\infty} x(\lambda, t)\, \varphi(t)\, \mathrm{d}t\,; \qquad \varphi \in S(R^1) \tag{3}$$

dem Impulsprozeß $x(\lambda, t)$ eine auf dem Grundraum $S(R^1)$ der beliebig oft stetig differenzierbaren und schnell abklingenden komplexwertigen Funktionen $\varphi(t)$ definierte stochastische Distribution zugeordnet wird. Es ist dann möglich, über die Gleichung

$$\langle \mathcal{F}(x, \lambda), \psi(\omega)\rangle = \int_{-\infty}^{+\infty} x(\lambda, t)\, F(\psi\,; t)\, \mathrm{d}t\,; \qquad F(\psi\,; t) \in S(R^1)\,, \tag{4}$$

wobei

$$F(\psi, t) = \frac{1}{\sqrt{2\pi}} \int_{-\infty}^{+\infty} \psi(\omega) \exp(i\omega t)\, \mathrm{d}\omega \tag{5}$$

die gewöhnliche F. T. der Funktion $\psi(\omega)$ bezeichnet, eine als Distribution existierende verallgemeinerte F. T. (v. F. T.) $\mathcal{F}(x, \lambda)$ des Impulsprozesses einzuführen. Diese ist, da die gewöhnlichen FOURIER-Operatoren F und F^{-1} den Grundraum $S(R^n)$ $(n = 1, 2, \ldots)$ umkehrbar eindeutig auf sich abbilden (s. z. B. [3], S. 104–106), ebenfalls auf $S(R^1)$ definiert. Ferner läßt sich auf Grund der PARSEVALschen Gleichung zeigen, daß die so definierte v. F. T. in die gewöhnliche übergeht, falls letztere existiert (s. [9], S. 23, 24).

Die Spektraleigenschaften des stochastischen Impulsprozesses $x(\lambda, t)$ werden dann durch das sogenannte spektrale Erwartungsfunktional

$$\langle n_x, \psi\rangle = \mathrm{E}[\langle \mathcal{F}^{-1}(x, \lambda), \psi\rangle]; \qquad \psi \in S(R^1) \tag{6}$$

und das spektrale Kovarianzfunktional

$$\langle \Phi_{xx}, \varphi\chi\rangle = \mathrm{E}[\langle \mathcal{F}(\mathring{x}, \lambda), \varphi(\omega_1)\rangle\, \langle \mathcal{F}^{-1}(\mathring{x}, \lambda), \chi(\omega_2)\rangle]\,; \qquad \varphi, \chi \in S(R^1) \tag{7}$$

charakterisiert. Denn es läßt sich zeigen, daß gerade

$$\langle n_x, \psi\rangle = \langle \mathcal{F}^{-1}(m_x), \psi\rangle\,; \qquad \psi \in S(R^1) \tag{8}$$

und

$$\langle \Phi_{xx}, \varphi\chi\rangle = \langle \mathcal{F}_2^{-1}(K_{xx}), \varphi(\omega_1)\, \chi(\omega_2)\rangle\,; \qquad \varphi, \chi \in S(R^1) \tag{9}$$

gilt, wobei die inverse v. F. T. $\mathcal{F}^{-1}(m_x)$ der Mittelwertfunktion bzw. die (zweidimensionale) inverse v. F. T. $\mathcal{F}_2^{-1}(K_{xx})$ der Kovarianzfunktion jeweils durch eine zu (4) analoge Gleichung definiert wird (s. [8], S. 25–27).

In [9] wurde gezeigt, daß die durch Gl. (3) definierte stochastische Distribution dann (im Sinne einer Abbildung, die mit Wahrscheinlichkeit 1 linear und stetig jedem $\varphi \in S(R^1)$ eine Zufallsgröße $\langle x(\lambda), \varphi\rangle$ zuordnet) existiert, und ferner die Definitionen bzw. Gleichungen (4) bis (9) dann sinnvoll sind bzw. gelten, wenn der Zufallsprozeß $x(\lambda, t)$ folgende wenig einschränkenden Voraussetzungen erfüllt:

(a) Es bezeichne $\mathfrak{C}^1$ die σ-Algebra aller LEBESGUE-meßbaren Mengen des R^1, μ das auf $[R^1, \mathfrak{C}^1]$ definierte LEBESGUEsche Maß und $\mathfrak{A} \times \mathfrak{C}^1$ die kleinste σ-Algebra der Untermengen aus $\Lambda \times R^1$, die alle Mengen der Form

$A \times C^1$ mit $A \in \mathfrak{A}$, $C^1 \in \mathfrak{C}^1$ enthält. Dann sei der Zufallsprozeß $x(\lambda, t)$ $(\lambda \in \Lambda,\ t \in R^1)$ bezüglich des auf $[\Lambda \times R^1, \mathfrak{A} \times \mathfrak{C}^1]$ definierten Produktmaßes $P \times \mu$ meßbar.[1])

(b) Es existiere die mathematische Erwartung $m_{|x|}(t) = \mathrm{E}[|x(\lambda, t)|]$ als eine (im LEBESGUEschen Sinne) lokal integrierbare Funktion, die für $|t| \to \infty$ höchstens mit einer gewissen Potenz anwächst:

$$m_{|x|}(t) = O(|t|^\alpha)\,, \qquad \alpha \geqq 0\,.$$

(c) Ebenso sei die Kovarianzfunktion $K_{|x|\,|x|}(t_1, t_2) = \mathrm{E}[|\mathring{x}(\lambda, t_1)\, \mathring{x}(\lambda, t_2)|]$ im R^2 lokal integrierbar, wobei für $t_1^2 + t_2^2 \to \infty$ gleichfalls $K_{|x|\,|x|} = O\big((t_1^2 + t_2^2)^\beta\big)$, $\beta \geqq 0$ gilt.

Wir formulieren deshalb zunächst zwei Lemmata, die zeigen, unter welchen allgemeinen Bedingungen der hier behandelte stochastische Impulsprozeß (1) diese Voraussetzungen erfüllt, so daß die obigen Beziehungen angewendet werden können.

Lemma 1. *Sei $f(x)$ von beschränkter Variation. Ferner sollen die Momente* $\mathrm{E}[|\xi_n(\lambda)|]$, $\mathrm{E}[T_n^2(\lambda)]$, $\mathrm{E}[\varepsilon_n^2(\lambda)]$; *$(n = 0, \pm 1, \ldots)$ existieren. Dann ist $x(\lambda, t)$ ein meßbarer stochastischer Impulsprozeß, und die mathematische Erwartung $m_{|x|}(t) = \mathrm{E}[|x(\lambda, t)|]$ existiert als lokal integrierbare und über den gesamten R^1 beschränkte Funktion.*

Beweis. Wegen der Beschränktheit der Variation von $f(x)$ läßt sich die Impulsfunktion äquivalent durch ein FOURIER-Integral (im CAUCHYschen Sinne) darstellen. Man erhält somit zunächst

$$x(\lambda, t) = \sum_{n=-\infty}^{+\infty} \xi_n(\lambda) \left\{ \lim_{\eta_1 \to \infty} \frac{1}{\sqrt{2\pi}} \int_{-\eta_1}^{+\eta_1} F^{-1}(f; \eta) \exp\left(i\eta\, \frac{t - nT_0 - \varepsilon_n(\lambda)}{T_n(\lambda)}\right) \mathrm{d}\eta \right\}. \tag{10}$$

Für jedes t gilt

$$t = mT_0 + \Delta t \quad \text{mit} \quad m = [t/T_0]\,, \qquad 0 \leqq \Delta t < T_0\,,$$

so daß nach Einsetzen dieser Beziehung und Übergang auf den Summationsindex $k = n - m$

$$x(\lambda, t) = \lim_{\eta_1 \to \infty} \frac{\xi_m(\lambda)}{\sqrt{2\pi}} \int_{-\eta_1}^{+\eta_1} F^{-1}(f; \eta) \exp\left(i\eta\, \frac{\Delta t - \varepsilon_m(\lambda)}{T_m(\lambda)}\right) \mathrm{d}\eta +$$

$$+ \sum_{k=-\infty, \neq 0}^{+\infty} \xi_{k+m}(\lambda) \left\{ \lim_{\eta_1 \to \infty} \frac{1}{\sqrt{2\pi}} \int_{-\eta_1}^{\eta_1} F^{-1}(f; \eta) \exp\left(-i\eta k\, \frac{T_0}{T_{k+m}(\lambda)}\right) \exp\left(i\eta\, \frac{\Delta t - \varepsilon_{k+m}(\lambda)}{T_{k+m}(\lambda)}\right) \mathrm{d}\eta \right\}$$

folgt. Durch zweimalige partielle Integration im zweiten Integral findet man schließlich unter Berücksichtigung der Beziehungen

$$\frac{\mathrm{d}F^{-1}(f; \eta)}{\mathrm{d}\eta} = -\, iF^{-1}(f_1; \eta)\,; \qquad f_1(x) = xf(x)\,,$$

$$\frac{\mathrm{d}^2F^{-1}(f; \eta)}{\mathrm{d}\eta^2} = -\, F^{-1}(f_2; \eta)\,; \qquad f_2(x) = x^2f(x)$$

sowie von $\lim\limits_{|\eta| \to \infty} F^{-1}(f; \eta) = 0$ und $\lim\limits_{|\eta| \to \infty} F^{-1}(f_1; \eta) = 0$ (Theorem von RIEMANN-LEBESGUE, s. z. B. [5], S. 114) die Reihendarstellung

$$x(\lambda, t) = a_0(\lambda, t) + \frac{1}{T_0^2} \sum_{k=-\infty, \neq 0}^{+\infty} \frac{1}{k^2}\, b_k(\lambda, t) \tag{11}$$

mit

$$a_0(\lambda, t) = \xi_{[t/T_0]}(\lambda)\, f(s_0(\lambda, t)) \tag{11a}$$

und

$$b_k(\lambda, t) = \xi_{k+[t/T_0]}(\lambda) \left\{ T_{k+[t/T_0]}^2(\lambda)\, f_2(s_k(\lambda, t)) - 2T_{k+[t/T_0]}(\lambda)\, (t - [t/T_0]\, T_0 - \varepsilon_{k+[t/T_0]}(\lambda)) \times \right.$$

$$\left. \times\, f_1(s_k(\lambda, t)) + (t - [t/T_0]\, T_0 - \varepsilon_{k+[t/T_0]}(\lambda))^2 f(s_k(\lambda, t)) \right\}. \tag{11b}$$

Dabei wurde noch von der Abkürzung

$$s_q(\lambda, t) = \frac{t - [t/T_0]\, T_0 - qT_0 - \varepsilon_{q+[t/T_0]}(\lambda)}{T_{q+[t/T_0]}(\lambda)}\,; \qquad q = 0, k \tag{11c}$$

Gebrauch gemacht.

Nach dem Satz von BEPPO LEVI ([6], S. 180, 184, 274) ist $x(\lambda, t)$ über die Menge $\Lambda \times C^1 (C^1 \in \mathfrak{C}^1$ und von endlichem LEBESGUEschem Maß) $P \times \mu$-integrierbar und damit $P \times \mu$-meßbar, wenn die Reihenglieder $a_0(\lambda, t)$ und $b_k(\lambda, t)$ über $\Lambda \times C^1$ $P \times \mu$-integrierbare Funktionen darstellen und die Reihe

$$\sum_{k=-\infty, \neq 0}^{+\infty} \frac{1}{k^2} \iint\limits_{\Lambda \times C^1} |b_k(\lambda, t)|\, P(\mathrm{d}\lambda)\, \mathrm{d}t \tag{12}$$

konvergiert. Ferner ist dann die Reihe (11) $P \times \mu$ — fast überall absolut konvergent, und es gilt

$$\iint\limits_{\Lambda \times C^1} x(\lambda, t)\, P(\mathrm{d}\lambda)\, \mathrm{d}t = \iint\limits_{\Lambda \times C^1} a_0(\lambda, t)\, P(\mathrm{d}\lambda)\, \mathrm{d}t + \frac{1}{T_0^2} \sum_{k=-\infty, \neq 0}^{+\infty} \frac{1}{k^2} \iint\limits_{\Lambda \times C^1} b_k(\lambda, t)\, P(\mathrm{d}\lambda)\, \mathrm{d}t\,,$$

d. h., es kann gliedweise integriert werden.

[1]) Man spricht dann auch einfach von einem meßbaren Zufallsprozeß.

Daß $a_0(\lambda, t)$ und $b_k(\lambda, t)$ in dem genannten Sinne lokal integrierbar sind, folgt zum einen aus der $P \times \mu$-Meßbarkeit dieser Funktionen[1]) und zum anderen aus den Abschätzungen

$$|a_0(\lambda, t)| \leqq |\xi_{[t/T_0]}(\lambda)| \sup |f(x)|\,, \tag{13a}$$

$$|b_k(\lambda, t)| \leqq |\xi_{k+[t/T_0]}(\lambda)| \left\{T^2_{k+[t/T_0]}(\lambda) \sup |x^2 f(x)| + 2\,|T_{k+[t/T_0]}(\lambda)|\,(T_0 + |\varepsilon_{k+[t/T_0]}(\lambda)|) \times \right.$$
$$\left. \times \sup |xf(x)| + (T_0 + |\varepsilon_{k+[t/T_0]}(\lambda)|)^2 \sup |f(x)|\right\}. \tag{13b}$$

Denn die rechten Seiten dieser Ungleichungen sind infolge der paarweisen Unabhängigkeit von $\xi_n(\lambda)$, $T_n(\lambda)$, $\varepsilon_n(\lambda)$ und der im Satz vorausgesetzten Existenz der Momente $\mathrm{E}[|\xi_n(\lambda)|]$, $\mathrm{E}[T_n^2(\lambda)]$, $\mathrm{E}[\varepsilon_n^2(\lambda)]$ $P \times \mu$-integrierbare Majoranten.

Wegen der damit bewiesenen $P \times \mu$-Integrierbarkeit von $b_k(\lambda, t)$ gilt nach dem Satz von FUBINI-TONELLI (z. B. [10], S. 33)

$$\iint_{\Lambda \times C^1} |b_k(\lambda, t)|\, P(\mathrm{d}\lambda)\, \mathrm{d}t = \int_{C^1} \mathrm{E}\{|b_k(\lambda, t)|\}\, \mathrm{d}t\,. \tag{14}$$

Mit (13a) und (13b) folgt somit für die Reihe (12) die Abschätzung

$$\sum_{k=-\infty,\neq 0}^{+\infty} \frac{1}{k^2} \iint_{\Lambda \times C^1} |b_k(\lambda, t)|\, P(\mathrm{d}\lambda)\, \mathrm{d}t \leqq \mu(C^1)\, \mathrm{E}[|\xi(\lambda)|] \left\{\mathrm{E}[T^2(\lambda)] \sup |x^2 f(x)| + 2\mathrm{E}[|T(\lambda)|]\,(T_0 + \mathrm{E}[|\varepsilon(\lambda)|] \sup |xf(x)| + \right.$$
$$\left. + (T_0^2 + 2T_0\, \mathrm{E}[|\varepsilon|] + \mathrm{E}[\varepsilon^2]) \sup |f(x)|\right\} \sum_{k=-\infty,\neq 0}^{+\infty} \frac{1}{k^2} < \infty\,. \tag{15}$$

Hierbei haben wir noch die Eigenschaft der Stationarität der Zufallsfolgen $\{\xi_n(\lambda)\}$, $\{T_n(\lambda)\}$, $\{\varepsilon_n(\lambda)\}$ ausgenutzt. Damit ist die Meßbarkeit des stochastischen Impulsprozesses bewiesen.

Schreibt man ferner die Gleichung (14) für $x(\lambda, t)$ auf, so folgt aus der Existenz insbesondere des rechten iterierten Integrals, daß die mathematische Erwartung des Betrags des Impulsprozesses lokal integrierbar ist, womit auch diese Aussage bewiesen ist. Aus (11) folgt

$$|x(\lambda, t)| \leqq |a_0(\lambda, t)| + \frac{1}{T_0^2} \sum_{k=-\infty,\neq 0}^{+\infty} \frac{1}{k^2} |b_k(\lambda, t)|\,.$$

Bildung der mathematischen Erwartung liefert

$$m_{|x|}(t) \leqq \mathrm{E}[|a_0(\lambda, t)|] + \frac{1}{T_0^2} \sum_{k=-\infty,\neq 0}^{+\infty} \frac{1}{k^2} \mathrm{E}[|b_k(\lambda, t)|] \leqq \mathrm{E}[|\xi(\lambda)|] \sup |f(x)| + \frac{A}{T_0^2} \sum_{k=-\infty,\neq 0}^{+\infty} \frac{1}{k^2} < \infty\,. \tag{16}$$

Hierbei konnten wir wieder nach dem Satz von BEPPO LEVI den Erwartungsoperator gliedweise anwenden, weil die dann entstehende Reihe sich als konvergent erweist. Ferner wurden die Ungleichungen (13a), (13b) benutzt, und schließlich bezeichnet A eine Konstante, die gleich dem in (15) vor der Summe $\sum_{k=-\infty,\neq 0}^{+\infty} 1/k^2$ stehenden und durch $\mu(C^1)$ dividierten Ausdruck ist. Mit (16) ist auch die Beschränktheit von $m_{|x|}(t)$ über den gesamten R^1 gezeigt. Damit ist der Beweis beendet.

Bemerkung. Aus der Art des Beweises folgt unmittelbar, daß unter den gemachten Voraussetzungen nicht nur $x(\lambda, t)$, sondern auch die Zufallsfunktion

$$X(\lambda, t) = |a_0(\lambda, t)| + \frac{1}{T_0^2} \sum_{k=-\infty,\neq 0}^{+\infty} \frac{1}{k^2} |b_k(\lambda, t)| = \sum_{n=-\infty}^{+\infty} \left|\xi_n(\lambda)\, f\left(\frac{t - nT_0 - \varepsilon_n(\lambda)}{T_n(\lambda)}\right)\right| \tag{17}$$

$P \times \mu$-meßbar und auch die Erwartungsfunktion $m_X(t) = E[X(\lambda, t)]$ lokal integrierbar und über den gesamten R^1 beschränkt sind.

Lemma 2. *Sei $f(x)$ von bechränkter Variation und ferner sollen die Momente $\mathrm{E}[\xi_n^2(\lambda)]$, $\mathrm{E}[\varepsilon_n^4(\lambda)]$ und $\mathrm{E}[T_n^4(\lambda)]$ existieren. Dann sind die Korrelationsfunktion $R_{|x|\,|x|}(t_1, t_2) = \mathrm{E}[|x(\lambda, t_1)\, x(\lambda, t_2)|]$ wie auch die Kovarianzfunktion $K_{|x|\,|x|}(t_1, t_2) = \mathrm{E}[|\mathring{x}(\lambda, t_1)\, \mathring{x}(\lambda, t_2)|]$ des Betrages des Impulsprozesses im R^2 lokal integrierbar und über den gesamten R^2 beschränkt.*

Beweis. Nach dem Multiplikationssatz für absolut konvergente Reihen erhält man aus (11)

$$x(\lambda, t_1)\, x(\lambda, t_2) = a_0(\lambda, t_1)\, a_0(\lambda, t_2) + \frac{1}{T_0^2}\left(a_0(\lambda, t_1) \sum_{k=-\infty,\neq 0}^{+\infty} \frac{1}{k^2} b_k(\lambda, t_2) + a_0(\lambda, t_2) \sum_{k=-\infty,\neq 0}^{+\infty} \frac{1}{k^2} b_k(\lambda, t_1)\right) +$$
$$+ \frac{1}{T_0^4} \sum_{k=-\infty,\neq 0}^{+\infty} \sum_{j=-\infty,\neq 0}^{+\infty} \frac{1}{k^2 j^2} b_k(\lambda, t_1)\, b_j(\lambda, t_2)\,.$$

Benutzt man wieder die Ungleichungen (13a) und (13b), so ergibt sich bei gliedweiser Anwendung des Erwartungsoperators die Abschätzung

$$R_{|x|\,|x|}(t_1, t_2) = \mathrm{E}[|x(\lambda, t_1)\, x(\lambda, t_2)|] \leqq A_0 + A_1 \sum_{k=-\infty,\neq 0}^{+\infty} \frac{1}{k^2} + A_2 \sum_{k=-\infty,\neq 0}^{+\infty} \sum_{j=-\infty,\neq 0}^{+\infty} \frac{1}{k^2 j^2} < \infty\,. \tag{18}$$

Hierbei bezeichnen A_0, A_1, A_2 endliche positive Konstanten, die nur von T_0, von den oberen Schranken für $|f(x)|$, $|xf(x)|$ und $|x^2 f(x)|$ sowie von den Anfangsmomenten für $|\xi_n(\lambda)|$ bis zur zweiten Ordnung und von den Anfangsmomenten für $|\varepsilon_n(\lambda)|$, $|T_n(\lambda)|$ bis zur vierten Ordnung abhängen. Die Existenz dieser Anfangsmomente ist mit der vorausgesetzten Existenz von $\mathrm{E}[\xi_n^2(\lambda)]$, $\mathrm{E}[\varepsilon_n^4(\lambda)]$ und $\mathrm{E}[T_n^4(\lambda)]$ gesichert (s. z. B. [11], S. 143). Ferner wurden bei der Abschätzung wieder die Stationarität und gegenseitige Unabhängigkeit der Zufallsfolgen $\{\xi_n(\lambda)\}$, $\{\varepsilon_n(\lambda)\}$, $\{T_n(\lambda)\}$ ausgenutzt, wobei gegenseitige Momente — z. B. der Art

$$\mathrm{E}\left[\varepsilon^2_{k+[t_1/T_0]}(\lambda)\, \varepsilon^2_{j+[t_2/T_0]}(\lambda)\right] —$$

---

[1]) Diese ist gegeben, weil die Zufallsfunktionen $\xi_{k+[t/T_0]}(\lambda)$, $T_{k+[t/T_0]}(\lambda)$, $\varepsilon_{k+[t/T_0]}(\lambda)$ wegen ihrer stufenförmigen Abhängigkeit von t $P \times \mu$-meßbar sind und ferner dadurch, daß die Summe, das Produkt, der Quotient (sofern wie hier wegen $T_{k+[t/T_0]}(\lambda) > 0$ der Divisor fast überall von Null verschieden ist) von meßbaren Funktionen sowie jede meßbare Funktion einer meßbaren Funktion jeweils wieder eine meßbare Funktion ergibt.

mittels der CAUCHY-SCHWARZschen Ungleichung

$$\mathrm{E}[|\zeta_j(\lambda)\,\zeta_k(\lambda)|] \leqq \sqrt{\mathrm{E}[\zeta_j^2(\lambda)]\,\mathrm{E}[\zeta_k^2(\lambda)]}; \qquad \zeta_j, \zeta_k - \text{Zufallsgrößen} \tag{19}$$

abgeschätzt wurden.

Wegen der Konvergenz der in [18] auftretenden Reihen ist nach dem Satz von BEPPO LEVI die gliedweise Anwendung des Erwartungsoperators nachträglich gerechtfertigt. Mit (18) ist die Beschränktheit der Korrelationsfunktion $R_{|x|\,|x|}(t_1, t_2)$ bewiesen.

In Lemma 1 wurde bewiesen, daß unter Voraussetzungen, die auch in Lemma 2 erfüllt sind, $x(\lambda, t)$ $P \times \mu$-meßbar ist. Damit sind auch $x(\lambda, t_1)$ und $x(\lambda, t_2)$ jeweils als Funktion von λ, t_1, t_2 aufgefaßt $P \times \mu \times \mu$ meßbar Da das Produkt meßbarer Funktionen wieder eine meßbare Funktion ergibt, ist somit $x(\lambda, t_1)\,x(\lambda, t_2)$ ebenfalls $P \times \mu \times \mu$-meßbar. Hieraus folgt die $\mu \times \mu$-Meßbarkeit der Korrelationsfunktion

$$R_{|x|\,|x|}(t_1, t_2) = \int_{\Lambda} |x(\lambda, t_1)\,x(\lambda, t_2)|\,P(\mathrm{d}\lambda)\,,$$

falls diese existiert (s. z. B. [6] S. 233–235). Die Existenz ist aber durch (18) gesichert. Da weiterhin die Konstante

$$K = A_0 + A_1 \sum_{k=-\infty,\neq 0}^{+\infty} \frac{1}{k^2} + A_2 \sum_{k=-\infty,\neq 0}^{+\infty} \sum_{j=-\infty\,\neq 0}^{+\infty} \frac{1}{k^2 j^2} = A_0 + \frac{\pi^2}{3}\left(A_1 + \frac{\pi^2}{3} A_2\right)$$

eine lokal integrierbare Majorante für $R_{|x|\,|x|}(t_1, t_2)$ darstellt, ist auch die lokale Integrierbarkeit der Korrelationsfunktion des Betrages des Impulsprozesses bewiesen. Denn jede meßbare Funktion, die betragsmäßig durch eine lokal integrierbare Funktion majorisiert werden kann, ist selbst lokal integrierbar

Aus

$$\mathring{x}(\lambda, t) = x(\lambda, t) - \mathrm{E}[x(\lambda, t)]$$

erhält man

$$|\mathring{x}(\lambda, t)| \leqq |x(\lambda, t)| + |\mathrm{E}[x(\lambda, t)]\,| \leqq |x(\lambda, t)| + \mathrm{E}[|x(\lambda, t)|]\,.$$

Es folgt dann

$$K_{|x|\,|x|}(t_1, t_2) \leqq R_{|x|\,|x|}(t_1, t_2) + 3m_{|x|}(t_1)\,m_{|x|}(t_2)\,.$$

Diese Ungleichung beweist zusammen mit (18) und Lemma 1 die Beschränktheit der Kovarianzfunktion des Betrages des Impulsprozesses. Da diese auch $\mu \times \mu$-meßbar ist, ist damit auch ihre lokale Integrierbarkeit gezeigt und der Beweis beendet.

Bemerkung. Aus der Beweisführung geht hervor, daß auch die Korrelationsfunktion $R_{XX}(t_1, t_2)$ und die Kovarianzfunktion $K_{XX}(t_1, t_2)$ der durch (17) gegebenen Zufallsfunktion $X(\lambda, t)$ lokal integrierbar und über den gesamten R^2 beschränkt sind.

Die Definitionsvorschriften (6) bzw. (7) fur das spektrale Erwartungs- bzw. Kovarianzfunktional eigenen sich schlecht für eine praktische Berechnung. Wir formulieren deshalb ein weiteres Lemma, das es gestattet, die obigen Größen jeweils uber einen Grenzwert zu bestimmen.

Lemma 3. *Es sei mit $x_N(\lambda, t)$ der aus $2N + 1$ Impulsen bestehende endliche Ausschnitt*

$$x_N(\lambda, t) = \sum_{n=-N}^{N} \xi_n(\lambda)\, f\left(\frac{t - nT_0 - \varepsilon_n(\lambda)}{T_n(\lambda)}\right) \tag{20}$$

des Impulsprozesses $x(\lambda, t)$ bezeichnet Dann kann man unter den Voraussetzungen von Lemma 1 das spektrale Erwartungsfunktional uber die Grenzwertdarstellung

$$\langle n_x, \psi\rangle = \lim_{N\to\infty} \int_{-\infty}^{+\infty} \mathrm{E}[F^{-1}(x_N, \lambda, \omega)]\,\psi(\omega)\,\mathrm{d}\omega\,; \qquad \psi \in S(R^1) \tag{21}$$

berechnen. Ferner gilt unter den Voraussetzungen von Lemma 2

$$\langle \Phi_{xx}, \psi\rangle = \lim_{N\to\infty} \int_{-\infty}^{+\infty}\int_{-\infty}^{+\infty} \mathrm{E}[F(x_N, \lambda; \omega_1)\,F^{-1}(x_N, \lambda, \omega_2)]\,\psi(\omega_1, \omega_2)\,\mathrm{d}\omega_1\,\mathrm{d}\omega_2 - \langle n_x^* \times n_x, \psi\rangle\,, \tag{22}$$

$$\psi(\omega_1, \omega_2) \in S(R^2)\,.$$

Hierbei bezeichnet $n_x^* \times n_x$ das direkte Produkt der zu n_x konjugiert komplexen Distribution n_x^* mit n_x (s. [2], S. 104).

Beweis. Wir beweisen zunachst (21). Aus der Definitionsgleichung (6) folgt mit (4)

$$\langle n_x, \psi\rangle = \int_{\Lambda} \left\{\int_{-\infty}^{+\infty} \lim_{N\to\infty} x_N(\lambda, t)\, F^{-1}(\psi, t)\,\mathrm{d}t\right\} P(\mathrm{d}\lambda)\,. \tag{23}$$

Es gilt

$$x_N(\lambda, t) \leqq X(\lambda, t)\,, \tag{24}$$

wobei $X(\lambda, t)$ durch (17) gegeben ist. Nach der Bemerkung zu Lemma 1 ist $X(\lambda, t)$ $P \times \mu$-meßbar und $m_X(t) = \mathrm{E}[X(\lambda, t)]$ über den gesamten R^1 beschränkt. Folglich existiert für jedes $\psi \in S(R^1)$ das iterierte Integral

$$\int_{-\infty}^{+\infty} m_X(t)\,|\varphi(t)|\,\mathrm{d}t$$

und es gilt nach dem Satz von FUBINI-TONELLI

$$\int_{-\infty}^{+\infty} m_X(t)\,|\varphi(t)|\,\mathrm{d}t = \int_{\Lambda}\left\{\int_{-\infty}^{+\infty} X(\lambda, t)\,|\varphi(t)|\,\mathrm{d}t\right\} P(\mathrm{d}\lambda)\,.$$

Mit der Existenz des rechten iterierten Integrals und der Abschätzung (24) sind die Voraussetzungen des Satzes von LEBESGUE über die Vertauschung von Integration und Grenzwertbildung erfüllt. Aus (23) entsteht somit bei nachfolgender Anwendung der PARSEVALschen Gleichung auf das nach der Vertauschung entstehende innere Integral der rechten Seite von (23)

$$\langle n_x, \psi\rangle = \lim_{N\to\infty} \int_{\Lambda}\left\{\int_{\infty}^{+\infty} F^{-1}(x_N, \lambda; \omega)\,\psi(\omega)\,\mathrm{d}\omega\right\} P(\mathrm{d}\lambda)\,. \tag{25}$$

Es ist

$$|F^{-1}(x_N, \lambda; \omega)| = \left| \sum_{n=-N}^{+N} \xi_n(\lambda) \frac{1}{\sqrt{2\pi}} \int_{-\infty}^{+\infty} f\left(\frac{t - nT_0 - \varepsilon_n(\lambda)}{T_n(\lambda)}\right) \exp(-i\omega t)\, dt \right|$$

$$= \left| \sum_{n=-N}^{+N} \xi_n(\lambda) \frac{1}{\sqrt{2\pi}} \left\{ \int_0^1 f(x) \exp(-i\omega T_n(\lambda)\, x)\, dx \right\} \exp\{-i\omega(nT_0 + \varepsilon_n(\lambda))\}\, T_n(\lambda) \right|$$

$$\leq \frac{1}{\sqrt{2\pi}} \int_0^1 |f(x)|\, dx \sum_{n=-N}^{+N} |\xi_n(\lambda)\, T_n(\lambda)| . \tag{26}$$

Dies beweist zusammen mit der Existenz von $E[|\xi_n(\lambda)|]$ und $E[|T_n(\lambda)|]$, daß

$$\int_{-\infty}^{+\infty} \left\{ \int_A |F^{-1}(x_N, \lambda; \omega)\, \psi(\omega)|\; P(d\lambda) \right\} d\omega < \infty$$

gilt, womit wieder nach dem Satz von Fubini-Tonelli die Integrationsreihenfolge in (25) vertauscht werden kann. Dann entsteht die Grenzwertdarstellung (21), die damit bewiesen ist.

Es folgt der Beweis für (22). Mit (4) und $\mathring{x}(\lambda, t) = x(\lambda, t) - m_x(t)$ entsteht aus der Definitionsgleichung (7)

$$\langle \Phi_{xx}, \varphi\chi \rangle = E\left[\left(\int_{-\infty}^{+\infty} \lim_{N\to\infty} x_N(\lambda, t_1)\, F(\varphi; t_1)\, dt_1 \right) \left(\int_{-\infty}^{+\infty} \lim_{N\to\infty} x_N(\lambda, t_2)\, F^{-1}(\chi; t_2)\, dt_2 \right) \right] -$$

$$- \int_{-\infty}^{+\infty} m_x(t_1)\, F(\varphi; t_1)\, dt_1 \int_{-\infty}^{+\infty} m_x(t_2)\, F^{-1}(\chi; t_2)\, dt_2 . \tag{27}$$

Wir benutzen wieder die Abschätzung (24). Nach der Bemerkung zu Lemma 2 ist die Korrelationsfunktion $R_{XX}(t_1, t_2)$ lokal integrierbar und im gesamten R^2 beschränkt. Also gilt wieder nach dem Satz von Fubini-Tonelli

$$\int_{-\infty}^{+\infty} \int_{-\infty}^{+\infty} R_{XX}(t_1, t_2)\, |\, F(\varphi; t_1)\, F^{-1}(\chi; t_2)\, |\, dt_1\, dt_2 = \int_A \left(\int_{-\infty}^{+\infty} X(\lambda, t_1)\, |F(\varphi; t_1)|\, dt_1 \right) \left(\int_{-\infty}^{+\infty} X(\lambda, t_2)\, |F^{-1}(\chi; t_2)|\, dt_2 \right) P(d\lambda) ,$$

wobei aus der Existenz des zweidimensionalen Integrals der linken Seite die Existenz des iterierten Integrals der rechten Seite folgt. Somit folgt wieder nach dem Satz von Lebesgue aus (27) bei anschließender Anwendung der Parsevalschen Gleichung sowie der Beziehung (8)

$$\langle \Phi_{xx}, \varphi\chi \rangle = \lim_{N\to\infty} E\left[\int_{-\infty}^{+\infty} F(x_N, \lambda; \omega_1)\, \varphi(\omega_1)\, d\omega_1 \int_{-\infty}^{+\infty} F^{-1}(x_N, \lambda; \omega_2)\, \chi(\omega_2)\, d\omega_2 \right] - \langle n_x^*, \varphi(\omega_1) \rangle \langle n_x, \chi(\omega_2) \rangle . \,^{1)} \tag{28}$$

Berücksichtigt man die Abschätzung (26) und die Existenz von $E[\xi_n^2(\lambda)]$ sowie $E[T_n^2(\lambda)]$, so ist die Existenz des Integrals

$$\int_{-\infty}^{+\infty} \int_{-\infty}^{+\infty} \left\{ \int_A |F(x_N, \lambda; \omega_1)\, F^{-1}(x_N, \lambda; \omega_2)\, \varphi(\omega_1)\, \chi(\omega_2)\, | P(d\lambda) \right\} d\omega_1 d\omega_2$$

gezeigt. Also können in (28) das iterierte Integral als zweidimensionales Integral geschrieben und der Erwartungsoperator unter die Integralzeichen gezogen werden. Es entsteht bei gleichzeitiger Beachtung der Definitionsgleichung für das direkte Produkt von Distributionen

$$\langle \Phi_{xx}, \varphi\chi \rangle = \lim_{N\to\infty} \int_{-\infty}^{+\infty} \int_{-\infty}^{+\infty} E[F(x_N, \lambda; \omega_1)\, F^{-1}(x_N, \lambda; \omega_2)]\, \varphi(\omega_1)\, \chi(\omega_2)\, d\omega_1\, d\omega_2 - \langle n_x^* \times n_x, \varphi\chi \rangle .$$

Damit ist die Beziehung (22) für die speziellen Funktionen $\psi(\omega_1, \omega_2) = \varphi(\omega_1)\, \chi(\omega_2)$ des $S(R^2)$ bewiesen. Da die Linearkombinationen dieser Funktionen im Raum $S(R^2)$ aber überall dicht liegen [4], gilt (22) für alle Funktionen des $S(R^2)$. Damit ist der Beweis beendet.

2.1 Spektrales Erwartungsfunktional

Es gilt

Satz 1. *Es seien die Voraussetzungen von Lemma 1 erfüllt. Dann ist das spektrale Erwartungsfunktional die auf dem Grundraum $S(R^1)$ konvergente Distributionenreihe*

$$n_x(\omega) = \sum_{k=-\infty}^{+\infty} A(k\omega_0)\, \delta(\omega - k\omega_0) , \qquad \omega_0 = \frac{2\pi}{T_0} \tag{29}$$

mit

$$A(\omega) = \frac{\omega_0 m_\xi i}{\sqrt{2\pi}} \chi_\varepsilon^*(\omega) \int_0^1 f(x)\, \chi_T^{*\prime}(\omega x)\, dx . \tag{29a}$$

Hierbei ist $m_\xi = E[\xi_n(\lambda)]$ die mathematische Erwartung der Amplituden $\xi_n(\lambda)$, während $\chi_\varepsilon^*(\omega) = E[e^{-i\omega\varepsilon_n(\lambda)}]$ bzw. $\chi_T^*(\omega x) = E[e^{-i\omega x T_n(\lambda)}]$ die konjugiert komplexe charakteristische Funktion der $\varepsilon_n(\lambda)$ bzw. $T_n(\lambda)$ bezeichnet. Ferner bezeichnet $\chi_T^{*\prime}(x)$ die Ableitung von $\chi_T^*(\omega x)$ nach dem in den Klammern stehenden Argument ωx und $\delta(\omega - k\omega_0)$ das durch die Gleichung

$$\langle \delta(\omega - k\omega_0), \varphi(\omega) \rangle = \varphi(k\omega_0) , \qquad \varphi \in S(R^1) \tag{30}$$

definierte δ-Funktional.

---

1) Es wurde dabei die Beziehung $F(\varphi; t_1) = (F^{-1})^*\, (\varphi; t_1)$ beachtet.

Beweis. Mittels der Grenzwertdarstellung (21) erhält man bei Berücksichtigung von (26)

$$\langle n_x, \psi \rangle = \frac{m_\xi}{\sqrt{2\pi}} \lim_{N\to\infty} \int_{-\infty}^{+\infty} \chi_\varepsilon^*(\omega) \sum_{n=-N}^{+N} \mathrm{E}\left[\int_0^1 f(x)\, T_n(\lambda) \exp\left(-i\omega T_n(\lambda)\, x\right) \mathrm{d}x\right] \exp\left(-i\omega n T_0\right) \psi(\omega)\, \mathrm{d}\omega\,.$$

Infolge der Existenz von

$$\mathrm{E}[|T_n(\lambda)|] \int_0^1 |f(x)|\, \mathrm{d}x$$

kann nach dem Satz von FUBINI-TONELLI die Integration bezüglich x und die Erwartungsbildung in der Reihenfolge vertauscht werden, so daß

$$\langle n_x, \psi \rangle = \lim_{N\to\infty} \frac{1}{\omega_0} \int_{-\infty}^{+\infty} A(\omega) \left(1 + \sum_{n=-N,\neq 0}^{N} \exp\left(-i\omega n T_0\right)\right) \psi(\omega)\, \mathrm{d}\omega \tag{31}$$

entsteht. Partielle Integration liefert

$$\langle n_x, \psi \rangle = \frac{1}{\omega_0} \int_{-\infty}^{+\infty} A(\omega)\, \psi(\omega)\, \mathrm{d}\omega + \lim_{N\to\infty} \lim_{\substack{\omega_1\to\infty \\ \omega_2\to-\infty}} \frac{A(\omega)}{\omega_0} \sum_{n=1}^{N} 2 \frac{\sin\left(2\pi n \frac{\omega}{\omega_0}\right)}{2\pi \frac{n}{\omega_0}} \psi(\omega) \Bigg|_{\omega_2}^{\omega_1} - \tag{31a}$$

$$- \lim_{N\to\infty} \frac{1}{\omega_0} \int_{-\infty}^{+\infty} \sum_{n=1}^{N} 2 \frac{\sin 2\pi n \frac{\omega}{\omega_0}}{2\pi \frac{n}{\omega_0}} \frac{\mathrm{d}}{\mathrm{d}\omega} \left(A(\omega)\, \psi(\omega)\right) \mathrm{d}\omega\,.$$

Wie man leicht nachrechnet, ist

$$S_N(\omega) = \sum_{n=1}^{N} 2 \frac{\sin 2\pi n \frac{\omega}{\omega_0}}{2\pi \frac{n}{\omega_0}}$$

gerade die N-te Partialsumme der FOURIER-Reihe der periodischen Funktion $M(\omega)$, die in Bild 2 dargestellt und offensichtlich in einem Intervall der Länge ω_0 von beschränkter Variation ist. Für die Partialsummen $S_N(\omega)$ der FOURIER-Reihen von Funktionen, die in einem abgeschlossenen Intervall von der Länge der Periodendauer eine beschränkte Variation V aufweisen, gilt jedoch die Abschätzung (s. [5], S. 99)

$$|S_N(\omega)| \leqq \sup |M(\omega)| + \frac{1}{\pi} V\,.$$

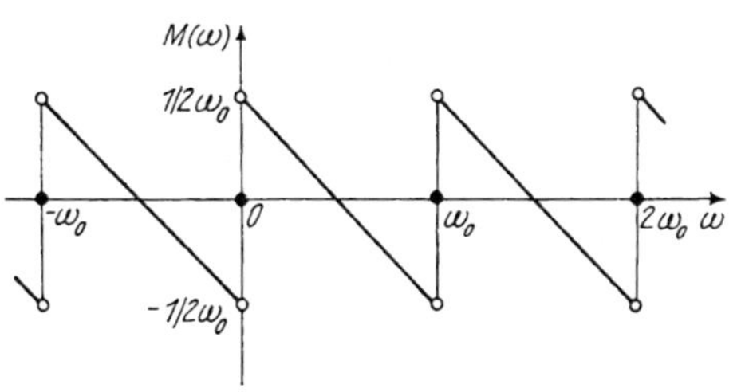

Bild 2. Periodische Funktion $M(\omega)$

Diese Ungleichung beweist zusammen mit den Abschätzungen

$$|A(\omega)| \leqq \frac{\omega_0}{\sqrt{2\pi}} |m_\xi|\, \mathrm{E}[|T_n(\lambda)|] \int_0^1 |f(x)|\, \mathrm{d}x\,,$$

$$\left|\frac{\mathrm{d}A(\omega)}{\mathrm{d}\omega}\right| \leqq \frac{\omega_0}{\sqrt{2\pi}} |m_\xi| \left\{\mathrm{E}[|\varepsilon_n(\lambda)|]\, \mathrm{E}[|T_n(\lambda)|] \int_0^1 |f(x)|\, \mathrm{d}x + \mathrm{E}[T_n^2(\lambda)] \int_0^1 |x f(x)|\, \mathrm{d}x\right\}$$

und den Eigenschaften von $\psi(\omega)$ als einem Element des Grundraumes $S(R^1)$, daß einerseits der zweite Term in (31a) verschwindet und zum anderen im dritten Term nach dem Satz von LEBESGUE der Grenzwert nun unter das Integral gezogen werden kann. Berücksichtigt man noch, daß bei Benutzung der HEAVISIDE-Funktion

$$H(\omega) = \begin{cases} 1 & \text{für } \omega \geqq 0 \\ 0 & \text{sonst} \end{cases} \tag{32}$$

die Funktion $M(\omega)$, die nach dem Grenzübergang unter dem Integralzeichen des dritten Termes von (31) entsteht, durch die äquivalente Funktionenreihe

$$M(\omega) = \frac{1}{2}\omega_0 - \omega + \omega_0 \sum_{k=1}^{\infty} H(\omega - k\omega_0) - \omega_0 \sum_{k=0}^{\infty} H(-\omega - k\omega_0) \tag{33}$$

dargestellt werden kann, so erhält man

$$\langle n_x, \psi \rangle = \frac{1}{\omega_0} \int_{-\infty}^{+\infty} A(\omega)\, \psi(\omega)\, \mathrm{d}\omega - \frac{1}{\omega_0} \int_{-\infty}^{+\infty} \left(\frac{1}{2}\omega_0 - \omega\right) \frac{\mathrm{d}(A(\omega)\, \psi(\omega))}{\mathrm{d}\omega}\, \mathrm{d}\omega -$$

$$- \int_{-\infty}^{+\infty} \sum_{k=1}^{\infty} H(\omega - k\omega_0) \frac{\mathrm{d}(A(\omega)\, \psi(\omega))}{\mathrm{d}\omega}\, \mathrm{d}\omega + \int_{-\infty}^{+\infty} \sum_{k=0}^{\infty} H(-\omega - k\omega_0) \frac{\mathrm{d}(A(\omega)\, \psi(\omega))}{\mathrm{d}\omega}\, \mathrm{d}\omega .$$

Eine partielle Integration des zweiten Integrals zeigt, daß es sich mit dem ersten weghebt. Ferner kann in den beiden letztenTermen aufgrund des Satzes von Beppo Levi gliedweise integriert werden. Denn die Folge der Partialsummen der jeweiligen Heaviside-Funktionenreihe ist treppenförmig monoton wachsend und die jeweilige Grenzfunktion infolge der Multiplikation mit der Funktion $d(A(\omega)\, \psi(\omega))/d\omega$ — die für $|\omega| \to \infty$ schneller als jede Potenz gegen Null konvergiert — über den gesamten R^1 integrierbar. Somit folgt

$$\langle n_x, \psi \rangle = - \sum_{k=1}^{\infty} \int_{k\omega_0}^{\infty} d(A(\omega)\, \psi(\omega)) + \sum_{k=-\infty}^{0} \int_{-\infty}^{k\omega_0} d(A(\omega)\, \psi(\omega))$$

$$= \sum_{k=-\infty}^{\infty} A(k\omega_0)\, \psi(k\omega_0)$$

$$= \left\langle \sum_{-\infty}^{\infty} A(k\omega_0)\, \delta(\omega - k\omega_0)\, ,\ \psi(\omega) \right\rangle .$$

Damit ist der Beweis beendet.

Die für das spektrale Erwartungsfunktional gefundene Reihe von δ-Funktionalen zeigt, daß der Impulsprozeß im Mittel ein diskretes Spektrum aufweist. Die Intensität der Spektralkomponente, die der Kreisfrequenz $\omega_k = k\omega_0$ zugeordnet ist, wird durch den Wert der Funktion $A(\omega)$ an der Stelle $\omega = k\omega_0$ bestimmt. Setzt man

$$\xi_n(\lambda) = \xi_1\,, \qquad \varepsilon_n(\lambda) = \varepsilon_1\,, \qquad T_n(\lambda) = T_1\,,$$

wobei ξ_1, ε_1, T_1 deterministische Größen sind, so erhält man unter Berücksichtigung von

$$\chi^*_{\varepsilon_1}(\omega) = \exp\,(-i\omega\varepsilon_1)\,, \qquad \chi^{*\prime}_{T_1}(\omega x) = -iT_1 \exp\,(-i\omega x T_1)$$

aus (29), (29a) das Spektrum einer deterministischen periodischen Funktion zu

$$n_x(\omega) = \frac{\omega_0 \xi_1}{\sqrt{2\pi}} \sum_{k=-\infty}^{\infty} \left\{ \int_{\varepsilon_1}^{T_1+\varepsilon_1} f\left(\frac{y - \varepsilon_1}{T_1}\right) \exp\,(-ik\omega_0 y)\, \mathrm{d}y \right\} \delta(\omega - k\omega_0)\,.$$

2.2 Spektrales Kovarianzfunktional

Satz 2. *Die Impulsfunktion $f(x)$ sei von beschränkter Variation. Ferner sollen die Momente $E[\xi^2] = \mathrm{E}[\xi_n^2(\lambda)]$, $\mathrm{E}[\varepsilon^4] = \mathrm{E}[\varepsilon_n^4(\lambda)]$ und $\mathrm{E}[T^8] = \mathrm{E}[T_n^8(\lambda)]$ $(n = 0, \pm 1, \ldots)$ existieren. Dann ist das spektrale Kovarianzfunktional die auf dem Grundraum $S(R^2)$ konvergente Distributionendoppelreihe*

$$\Phi_{xx} = \sum_{k=-\infty}^{\infty} \sum_{r=-\infty}^{\infty} \alpha_r(\omega_2 + k\omega_0, \omega_2) \exp\,(ir\omega_2 T_0) \times \delta(\omega_1 - \omega_2 - k\omega_0) - n_x^*(\omega_1) \times n_x(\omega_2)\,. \tag{34}$$

Hierbei bezeichnet $\delta(\omega_1 - \omega_2 - k\omega_0)$ das bezüglich ω_1 anzuwendende und um $\omega_2 + k\omega_0$ verschobene δ-Funktional. Ferner ist

$$\alpha_r(\omega_1, \omega_2) = \frac{\omega_0}{2\pi} \left(m_\xi^2 + \varrho_\xi(r)\, \sigma_\xi^2\right) \chi_\varepsilon(r; \omega_1, \omega_2) \int_0^1 \int_0^1 f(x)\, f(y)\, \frac{\partial^2 \chi_T(r, \omega_1 x, \omega_2 y)}{\partial(\omega_1 x)\, \partial(\omega_2 y)}\, \mathrm{d}x\, \mathrm{d}y\,. \tag{35}$$

Dabei bedeuten σ_ξ die Streuung der Amplituden $\xi_n(\lambda)$, $\varrho_\xi(r)$ den Korrelationskoeffizienten von $\xi_n(\lambda)$ und $\xi_{n+r}(\lambda)$ und

$$\chi_\varepsilon(r, \omega_1, \omega_2) = \mathrm{E}[\exp\,\{i(\omega_1 \varepsilon_n(\lambda) - \omega_2 \varepsilon_{n+r}(\lambda))\}] \tag{36}$$

bzw.

$$\chi_T(r; \omega_1, \omega_2) = \mathrm{E}[\exp\,\{i(\omega_1 T_n(\lambda) - \omega_2 T_{n+r}(\lambda))\}]$$

die charakteristische Funktion der zweidimensionalen Zufallsveränderlichen $(\varepsilon_n(\lambda), \varepsilon_{n+r}(\lambda))$ bzw. von $(T_n(\lambda), T_{n+r}(\lambda))$.

Beweis. Da die Voraussetzungen von Lemma 3 erfüllt sind, benutzen wir zur Berechnung des spektralen Kovarianzfunktionals die Grenzwertdarstellung (22). Für $C_N(\omega_1, \omega_2) = \mathrm{E}[F(x_N, \lambda; \omega_1)\, F^{-1}(x_N, \lambda; \omega_2)]$ erhält man bei Beachtung von (26)

$$C_N(\omega_1, \omega_2) = \frac{1}{2\pi} \mathrm{E}\left[\sum_{n=-N}^{N} \sum_{m=-N}^{N} \xi_n(\lambda)\, \xi_m(\lambda) \exp\,\{i(\omega_1 \varepsilon_n(x) - \omega_2 \varepsilon_m(\lambda))\} \times \right.$$

$$\left. \times \exp\,\{i(n\omega_1 - m\omega_2)\, T_0\} \int_0^1 \int_0^1 f(x) f(y)\, T_n(\lambda)\, T_m(\lambda) \exp\,\{i(\omega_1 x T_n(\lambda) - \omega_2\, y T_m(\lambda))\}\, \mathrm{d}x\, \mathrm{d}y \right].$$

Transformieren wir die Doppelsumme auf die neuen Summationsvariablen $q = n$, $r = n - m$ und führen wir anschließend die Erwartungsbildung unter Beachtung der Stationarität und gegenseitigen Unabhängigkeit der Zufallsfolgen $\{\xi_n(\lambda)\}$, $\{T_n(\lambda)\}$, $\{\varepsilon_n(\lambda)\}$

aus, so entsteht bei Einführung der Funktion

$$G_r(\omega_1, \omega_2) = \mathrm{E}\left[\int_0^1\int_0^1 f(x) f(y)\, T_q(\lambda)\, T_{q-r}(\lambda) \exp\{i((\omega_1 x T_q(\lambda) - \omega_2 y T_{q-r}(\lambda))\}\, \mathrm{d}x\, \mathrm{d}y\right] \tag{37}$$

die Doppelreihe

$$C_N(\omega_1, \omega_2) = \frac{1}{2\pi}\sum_{q=-N}^{N}\left\{\sum_{r=q-N}^{q+N} (m_\xi^2 + \varrho_\xi(r)\,\sigma_\xi^2)\,\chi_\varepsilon(r; \omega_1, \omega_2)\, G_r(\omega_1, \omega_2) \exp(i\omega_2 r T_0)\right\} \exp(i(\omega_1 - \omega_2)\, q T_0)\,.$$

Wir beachten, daß $\varrho_\xi(0) = 1$ und ferner $\chi_\varepsilon(0); \omega_1, \omega_2) = \chi_\varepsilon(\omega_1, \omega_2)$ gilt. Für $r = 0$ reduziert sich also die zweidimensionale charakteristische Funktion auf die eindimensionale.

Benutzt man die CAUCHY-SCHWARZsche Ungleichung

$$\mathrm{E}[T_q T_{q-r}] \leqq \mathrm{E}[T^2]\,,$$

so ist wegen $|\exp\{i(\omega_1 x T_q(\lambda) - \omega_2 y T_{q-r}(\lambda))\}| = 1$ die Existenz des Integrals

$$\int_0^1\int_0^1 |f(x) f(y)| \left\{\int_\Lambda |T_q(\lambda)\, T_{q-r}(\lambda) \exp\{i(\omega_1 x T_q(\lambda) - \omega_2 y T_{q-r}(\lambda))\}|\; P(\mathrm{d}\lambda)\right\} \mathrm{d}x\, \mathrm{d}y$$

gezeigt. Damit kann entsprechend dem Satz von FUBINI-TONELLI in (37) die Reihenfolge der Integration bezüglich des Wahrscheinlichkeitsmaßes P und bezüglich x und y vertauscht werden. Es ergibt sich dann

$$G_r(\omega_1, \omega_2) = \int_0^1\int_0^1 f(x) f(y) \frac{\partial^2 x_T(r; \omega_1 x, \omega_2 y)}{\partial(\omega_1 x)\,\partial(\omega_2 y)}\, \mathrm{d}x\, \mathrm{d}y\,. \tag{38}$$

Auch diese Beziehung behält für $r = 0$ formal ihre Gültigkeit, obgleich man $G_0(\omega_1, \omega_2)$ auch etwas einfacher über die eindimensionale charakteristische Funktion zu

$$G_0(\omega_1, \omega_2) = -\int_0^1\int_0^1 f(x) f(y) \frac{\mathrm{d}^2\chi_T(\omega_1 x - \omega_2 y)}{d(\omega_1 x - \omega_2 y)^2}\, \mathrm{d}x\, \mathrm{d}y$$

berechnen kann.

Bei Transformation auf die Integrationsveränderlichen $\Omega = \omega_1 - \omega_2$, $\omega = \omega_2$ liefert die Grenzwertdarstellung (22) unter Beachtung von (35) und (38)

$$\langle \Phi_{xx} + n_x^* \times n_x, \psi\rangle = \lim_{N\to\infty}\frac{1}{\omega_0}\int_{-\infty}^{\infty} e^{i\Omega q T_0}\left\{\sum_{r=q-N}^{q+N}\int_{-\infty}^{\infty}\alpha_r(\omega + \Omega, \omega)\, e^{ir\omega T_0}\, \psi(\omega + \Omega, \omega)\, \mathrm{d}\omega\right\} \mathrm{d}\Omega\,. \tag{39}$$

Isoliert man den $q = 0$ zugeordneten Summanden und integriert man die übrigen Glieder zweimal partiell bezüglich Ω, so entsteht zunächst

$$\begin{aligned}\langle \Phi_{xx} + n_x^* \times n_x, \psi\rangle = {} & \lim_{N\to\infty}\frac{1}{\omega_0}\int_{-\infty}^{\infty}\left(\sum_{1=-N}^{N}\int_{-\infty}^{\infty}\alpha_r(\omega + \Omega, \omega)\, e^{ir\omega T_0}\, \psi(\omega + \Omega, \omega\, \mathrm{d}\omega)\right)\mathrm{d}\Omega\, - \\ & - \lim_{N\to\infty}\frac{1}{\omega_0}\int_{-\infty}^{\infty}\sum_{q=-N, \neq 0}^{N}\frac{e^{i\Omega q T_0}}{q^2 T_0^2}\left\{\sum_{r=q-N}^{q+N}\int_{-\infty}^{\infty}\frac{\partial^2(\alpha_r(\omega + \Omega, \omega)\,\psi(\omega + \Omega, \omega))}{\partial\Omega^2}\, e^{ir\omega T_0}\, \mathrm{d}\omega\right\}\mathrm{d}\Omega\,,\end{aligned}$$

bevor nach erneuter zweimaliger partieller Integration der $r \neq 0$ zugeordneten Glieder bezüglich ω schließlich

$$\begin{aligned}\langle \Phi_{xx} + n_x^* \times n_x, \psi\rangle = {} & \frac{1}{\omega_0}\int_{-\infty}^{\infty}\int_{-\infty}^{\infty}\alpha_0(\omega + \Omega, \omega)\,\psi(\omega + \Omega, \omega)\, \mathrm{d}\omega\, \mathrm{d}\Omega \\ & - \lim_{N\to\infty}\frac{1}{\omega_0}\int_{-\infty}^{\infty}\left\{\sum_{r=-N, \neq 0}^{N}\int_{-\infty}^{\infty}\frac{e^{ir\omega T_0}}{r^2 T_0^2}\,\frac{\partial^2(\alpha_r(\omega + \Omega, \omega)\,\psi(\omega + \Omega, \omega))}{\partial\omega^2}\, \mathrm{d}\omega\right\}\mathrm{d}\Omega \\ & - \lim_{N\to\infty}\frac{1}{\omega_0}\int_{\infty}^{\infty}\sum_{q=-N, \neq 0}^{N}\frac{e^{i\Omega q T_0}}{q^2 T_0^2}\left\{\int_{-\infty}^{\infty}\frac{\partial^2(\alpha_0(\omega + \Omega, \omega)\,\psi(\omega + \Omega, \omega))}{\partial\Omega^2}\, \mathrm{d}\omega\right. \\ & \left. - \sum_{r=q-N, \neq 0}^{q+N}\int_{-\infty}^{+\infty}\frac{e^{ir\omega T_0}}{r^2 T_0^2}\,\frac{\partial^4(\alpha_r(\omega + \Omega, \omega)\,\psi(\omega + \Omega, \omega))}{\partial\Omega^2\,\partial\omega^2}\, \mathrm{d}\omega\right\}\mathrm{d}\Omega\end{aligned} \tag{40}$$

folgt. Man kann $\alpha_r(\omega + \Omega, \omega)$ in der Form

$$\begin{aligned}\alpha_r(\omega + \Omega, \omega) = {} & \frac{\omega_0}{2\pi}(m_\xi^2 + \varrho_\xi(r)\,\sigma_\xi^2)\int_\Lambda\left\{\int_0^1\int_0^1 T_n(\lambda)\, T_{n+r}(\lambda)\, f(x)\, f(y)\, e^{i\Omega(x T_n(\lambda) + \varepsilon_n(\lambda))}\, \times\right. \\ & \left. \times\, e^{i\omega((x T_n(\lambda) - y T_{n+r}(\lambda) + \varepsilon_n(\lambda) - \varepsilon_{n+r}(\lambda))}\, \mathrm{d}x\, \mathrm{d}y\right\} P(\mathrm{d}\lambda)\end{aligned}$$

darstellen. Durch Differentiation dieses Ausdruckes überzeugt man sich davon, daß unter den im Satz formulierten Voraussetzungen die in (40) benötigten Ableitungen $\frac{\partial\alpha_r}{\partial\omega}, \frac{\partial\alpha_r}{\partial\Omega}, \frac{\partial^2\alpha_r}{\partial\Omega\,\partial\omega}, \frac{\partial^2\alpha_r}{\partial\Omega^2}, \frac{\partial^2\alpha_r}{\partial\omega^2}, \frac{\partial^3\alpha_r}{\partial\Omega\,\partial\omega^2}, \frac{\partial^3\alpha_r}{\partial\Omega^2\,\partial\omega}, \frac{\partial^4\alpha_r}{\partial\Omega^2\,\partial\omega^2}$ — und α_r selbst — sämtlich existieren und betragsmäßig jeweils durch eine von r unabhängige Konstante über den gesamten R^2 beschränkt werden können. In diese Konstanten gehen dabei ein die existierenden Integrale $\int\limits_0^1 x^l f(x)\,dx$ ($l = 0, 1, \dots 4$) und bei Abschätzung der gegenseitigen Momente mittels der Cauchy-Schwarzschen Ungleichung die Anfangsmomente von $\xi_n(\lambda)$ bis zur 2. Ordnung, von $\varepsilon_n(\lambda)$ bis zur 4. Ordnung und die Anfangsmomente von $T_n(\lambda)$ bis zur 8. Ordnung. Die Existenz dieser Anfangsmomente ist aber mit der vorausgesetzten Existenz von $\mathrm{E}[\xi^2]$, $\mathrm{E}(\varepsilon^4]$ und $\mathrm{E}[T^8]$ gesichert. Infolge der Konvergenz der Reihe $\sum\limits_{k=-\infty,\neq 0}^{\infty} 1/k^2$ ist es somit für jedes $\psi \in S(R^2)$ möglich, die in (46) auftretenden Reihen jeweils durch eine konvergente Majorante mit von ω und Ω unabhängigen Gliedern abzuschätzen. Nach dem bekannten Weierstrassschen Konvergenzkriterium konvergieren die fraglichen Funktionenreihen für $N \to \infty$ somit gleichmäßig, so daß die Grenzübergänge in (40) jeweils unter dem Integralzeichen ausgeführt werden können. Es ist aber

$$\sum_{q=-\infty,\neq 0}^{\infty} \frac{e^{i\Omega q T_0}}{q^2 T_0^2}$$

gerade die Fourier-Reihe der in Bild 3 dargestellten periodischen Funktion

$$L(\Omega) = \frac{1}{2}\left(\Omega - \frac{1}{2}\,\omega_0\right)^2 - \frac{1}{24}\,\omega_0^2 \qquad \text{für} \quad n\omega_0 \leqq \Omega < (n+1)\,\omega_0\,, \quad \omega_0 = \frac{2\pi}{T_0} \qquad n = 0, \pm 1, \pm 2, \dots .$$

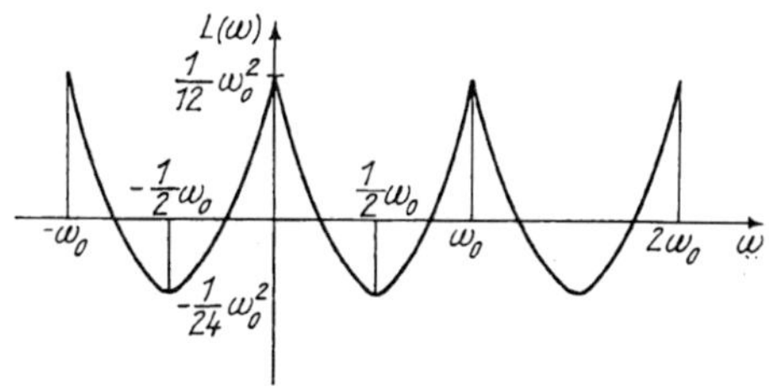

Bild 3. Periodische Funktion $L(\omega)$

Somit folgt aus (40)

$$\langle \Phi_{xx} + n_x^* \times n_x, \psi\rangle = \frac{1}{\omega_0}\int\limits_{-\infty}^{\infty}\left\{\int\limits_{-\infty}^{\infty} \alpha_0(\omega + \Omega, \omega)\,\psi(\omega + \Omega, \omega)\,d\omega - \right.$$
$$\left. - \sum_{r=-\infty,\neq 0}^{\infty}\int\limits_{-\infty}^{\infty} \frac{e^{ir\omega T_0}}{r^2 T_0^2}\,\frac{\partial^2\{\alpha_r(\omega + \Omega, \omega)\,\psi(\omega + \Omega, \omega)\}}{\partial\omega^2}\,\partial\omega\right\}\partial\Omega$$
$$- \frac{1}{\omega_0}\int\limits_{-\infty}^{\infty} L(\Omega)\left\{\int\limits_{-\infty}^{\infty} \frac{\partial^2\{\alpha_0(\omega + \Omega, \omega)\,\psi(\omega + \Omega, \omega)\}}{\partial\Omega^2}\,d\omega - \right.$$
$$\left. - \sum_{r=-\infty,\neq 0}^{\infty}\int\limits_{-\infty}^{\infty} \frac{e^{ir\omega T_0}}{r^2 T_0^2}\,\frac{\partial^4\{\alpha_r(\omega + \Omega, \omega)\,\psi(\omega + \Omega, \omega)\}}{\partial\Omega^2\,\partial\omega^2}\,d\omega\right\}d\Omega\,.$$

Es ist weiter fast überall $\frac{dL(\Omega)}{d\Omega} = -M(\Omega)$, wobei $M(\Omega)$ durch (33) gegeben ist. Partielle Integration des zweiten mit $L(\Omega)$ behafteten Termes in obigem Ausdruck und anschließendes analoges Vorgehen wie an der entsprechenden Stelle beim Beweis von Satz 4 führt deshalb auf

$$\langle \Phi_{xx} + n_x^* \times n_x, \psi\rangle = \sum_{k=-\infty}^{\infty}\left\{\int\limits_{-\infty}^{\infty} \alpha_0(\omega + k\omega_0, \omega)\,\psi(\omega + k\omega_0, \omega)\,d\omega - \sum_{r=-\infty,\neq 0}^{\infty}\int\limits_{-\infty}^{\infty} \frac{e^{ir\omega T_0}}{r^2 T_0^2}\,\frac{\partial^2[\alpha_r(\omega + k\omega_0, \omega)\,\psi(\omega + k\omega_0, \omega)]}{\partial\omega^2}\,d\omega\right\}.$$

Durch eine zweimalige partielle Integration des zweiten Termes und Einführung des δ-Funktionals erhält man schließlich

$$\langle \Phi_{xx} + n_x^* \times n_x, \psi\}\rangle = \sum_{k=-\infty}^{\infty}\sum_{r=-\infty}^{\infty}\int\limits_{\omega_2=-\infty}^{\infty} \alpha_r(\omega_2 + k\omega_0, \omega_2)\,e^{ir\omega_2 T_0}\,\langle\delta(\omega_1 - \omega_2 - k\omega_0), \psi(\omega_1, \omega_2)\rangle\,d\omega_2\,. \tag{41}$$

Damit ist der Beweis beendet.

Satz 3. *Es seien die Voraussetzungen von Satz 2 erfüllt. Außerdem gelte*

$$\sum_{r=1}^{\infty} |\varrho_\xi(r)| = C_\xi < \infty \tag{42}$$

und ferner mögen die Funktionenreihen

$$\sum_{r=1}^{\infty} |\varkappa_\varepsilon(r; \omega_1, \omega_2)|\,; \qquad \varkappa_\varepsilon(r; \omega_1, \omega_2) = \chi_\varepsilon(r; \omega_1, \omega_2) - \chi_\varepsilon(\omega_1)\,\chi_\varepsilon^*(\omega_2)\,, \tag{43a}$$

$$\sum_{r=1}^{\infty} \left|\frac{\partial^2\varkappa_T(r; \omega_1, \omega_2)}{\partial\omega_1\,\partial\omega_2}\right|\,; \qquad \varkappa_T(r; \omega_1, \omega_2) = \chi_\varepsilon(r; \omega_1, \omega_2) - \chi_\varepsilon(\omega_1)\,\chi_\varepsilon^*(\omega_2) \tag{43b}$$

für alle ω_1, ω_2 konvergieren. Dabei seien Abschätzungen der Art

$$\sum_{r=1}^{N} |\varkappa_\varepsilon(r; \omega_1, \omega_2)| \leqq M_\varepsilon , \qquad \sum_{r=1}^{N} \left| \frac{\partial^2 \varkappa_T(r; \omega_1, \omega_2)}{\partial \omega_1 \, \partial \omega_2} \right| \leqq M_T \tag{44}$$

mit von N und ω_1, ω_2 unabhängigen Konstanten M_ε, M_T möglich. Dann kann das spektrale Kovarianzfunktional durch die auf dem Grundraum $S(R^2)$ konvergente Distributionenreihe

$$\Phi_{xx} = \sum_{r=-\infty}^{\infty} S_k(\omega_2) \times \delta(\omega_1 - \omega_2 - k\omega_0) \tag{45}$$

dargestellt werden. Hierbei bezeichnen die $S_k(\omega_2)$ Frequenzfunktionen, die durch die Funktionenreihe

$$S_k(\omega_2) = \sum_{r=-\infty}^{\infty} \left\{ \alpha_r(\omega_2 + k\omega_0, \omega_2) - \frac{A^*(\omega_2 + k\omega_0)\, A(\omega_2)}{\omega_0} \right\} e^{ir\omega_2 T_0} \tag{46}$$

dargestellt werden. Diese Reihe konvergiert bei gleichmäßig beschränkten Partialsummen für alle k und ω_2, wobei

$$|S_k(\omega_2)| \leqq \frac{\omega_0}{2\pi} \left(\int_0^1 |f(x)| \, dx \right)^2 \left(m_\xi^2 (1 + 2M_\varepsilon) \, E^2[T] + E([T^2] + 2M_T) + \sigma_\xi^2 \, E[T^2] \, (1 + 2C_\xi) \right\} \tag{47}$$

gilt.

Beweis. Die Beziehung (39) kann in der Form

$$\langle \Phi_{xx}, \psi \rangle = \lim_{N\to\infty} \frac{1}{\omega_0} \int_{-\infty}^{\infty} \int_{-\infty}^{\infty} \sum_{q=-N}^{N} \left\{ \sum_{r=q-N}^{q+N} \left(\alpha_r(\omega + \Omega, \omega) - \frac{A^*(\omega + \Omega)\, A(\omega)}{\omega_0} \right) e^{ir\omega T_0} \right\} e^{i\Omega q T_0} \psi(\omega + \Omega, \omega) \, d\omega \, d\Omega \, +$$

$$+ \lim_{N\to\infty} \int_{-\infty}^{\infty} \int_{-\infty}^{\infty} \frac{A^*(\omega_1)\, A(\omega_2)}{\omega_0^2} \sum_{q=-N}^{N} \sum_{r=q-N}^{q+N} e^{ir\omega_2 T_0} e^{i(\omega_1 - \omega_2) q T_0} \psi(\omega_1, \omega_2) \, d\omega_1 \, d\omega_2 - \langle n_x^* \times n_x, \psi \rangle \tag{48}$$

geschrieben werden. Da die Linearkombinationen der Produkte $\varphi_l(\omega_1)\, \chi_l(\omega_2)$; $\varphi_l, \chi_l \in S(R^1)$ im Raum $S(R^2)$ überall dicht liegen, läßt sich jede Funktion $\psi(\omega_1, \omega_2)$ aus $S(R^2)$ durch eine — im Sinne des auf $S(R^2)$ definierten Konvergenzbegriffes — konvergente Reihe

$$\psi(\omega_1, \omega_2) = \sum_{l=1}^{\infty} \alpha_l \varphi_l(\omega_1)\, \chi_l(\omega_2); \qquad \alpha_l = \text{reelle Konstanten},$$

darstellen. Geht man mit dieser Reihe in das zweite Doppelintegral des obigen Ausdrucks hinein, so kann man, da der auf $S(R^2)$ definierte Konvergenzbegriff eine gleichmäßige Konvergenz zum Ausdruck bringt, Integration und Summation über L vertauschen. Es entsteht

$$\lim_{N\to\infty} \int_{-\infty}^{\infty} \int_{-\infty}^{\infty} \frac{A^*(\omega_1)\, A(\omega_2)}{\omega_0^2} \sum_{q=-N}^{N} \sum_{r=q-N}^{q+N} e^{ir\omega_2 T_0} e^{i(\omega_1 - \omega_2) q T_0} \psi(\omega_1, \omega_2) \, d\omega_1 \, d\omega_2$$

$$= \lim_{N\to\infty} \int_{-\infty}^{\infty} \int_{-\infty}^{\infty} \frac{A^*(\omega_1)\, A(\omega_2)}{\omega_0^2} \sum_{n=-N}^{N} \sum_{m=-N}^{N} e^{i\omega_1 n T_0} e^{-i\omega_2 m T_0} \sum_{l=1}^{\infty} \alpha_l \varphi_l(\omega_1)\, \chi_l(\omega_2) \, d\omega_1 \, d\omega_2$$

$$= \sum_{l=1}^{\infty} \alpha_l \left\{ \lim_{N\to\infty} \int_{-\infty}^{\infty} \frac{A^*(\omega_1)}{\omega_0} \sum_{n=-N}^{N} e^{i\omega_1 n T_0} \varphi_l(\omega_1) \, d\omega_1 \right\} \left\{ \lim_{N\to\infty} \int_{-\infty}^{\infty} \frac{A(\omega_2)}{\omega_0} \sum_{m=-N}^{N} e^{-i\omega_2 m T_0} \chi_l(\omega_2) \, d\omega_2 \right\}$$

$$= \sum_{l=1}^{\infty} \alpha_l \langle n_x^*, \varphi_l(\omega_1) \rangle \langle n_x, \chi_l(\omega_2) \rangle = \left\langle n_x^* \times n_x, \sum_{l=1}^{\infty} \alpha_l \varphi_l(\omega_1)\, \chi_l(\omega_2) \right\rangle = \langle n_x^* \times n_x, \psi \rangle .$$

In (48) hebt sich also der zweite und dritte Term weg. Als Konsequenz der Konvergenz der Reihen (42) und (43) folgt

$$\lim_{|r|\to\infty} \alpha_r(\omega_1, \omega_2) = \frac{A^*(\omega_1)\, A(\omega_2)}{\omega_0} . \tag{49}$$

Wendet man auf die erste Zeile von (48) das gleiche Vorgehen an, wie es beim Beweis von Satz 5 mit dem Ausdruck (39) durchgeführt wurde, so erhält man analog zu der Beziehung (41)

$$\langle \Phi_{xx}, \psi \rangle = \sum_{b=-\infty}^{\infty} \sum_{r=-\infty}^{\infty} \int_{-\infty}^{\infty} \left\{ \alpha_r(\omega_2 + k\omega_0, \omega_2) - \frac{A^*(\omega_2 + k\omega_0)\, A(\omega_2)}{\omega_0} \right\} e^{ir\omega_2 T_0} \langle \delta(\omega_1 - \omega_2 - k\omega_0), \psi(\omega_1, \omega_2) \rangle \, d\omega_2 .$$

Die Summation über r und die Integration bezüglich ω_2 kann aber nun vertauscht werden. Denn für die Funktion

$$\beta_r(\omega_1, \omega_2) = \left(\alpha_r(\omega_1, \omega_2) - \frac{A^*(\omega_1)\, A(\omega_2)}{\omega_0} \right) e^{ir\omega_2 T_0}$$

gilt bei $r = 0$

$$\beta_0(\omega_1, \omega_2) = -\frac{\omega_0}{2\pi}(m_\xi^2 + \sigma_\xi^2)\,\chi_\varepsilon(\omega_1 - \omega_2)\int_0^1\int_0^1 f(x)\,f(y)\,\frac{\mathrm{d}^2\chi_T(\omega_1 x - \omega_2 y)}{\mathrm{d}(\omega_1 x - \omega_2 y)^2}\,\mathrm{d}x\,\mathrm{d}y -$$

$$-\frac{\omega_0}{2\pi}\,m_\xi^2\chi_\varepsilon(\omega_1)\,\chi_\varepsilon^*(\omega_2)\int_0^1\int_0^1 f(x)\,f(y)\,\frac{\mathrm{d}\chi_T(\omega_1 x)}{\mathrm{d}(\omega_1 x)}\,\frac{\mathrm{d}\chi_T^*(\omega_2 y)}{\mathrm{d}(\omega_2 y)}\,\mathrm{d}x\,\mathrm{d}y\,,$$

und für $r \neq 0$ kann man sie zu

$$\beta_r(\omega_1, \omega_2) = \frac{\omega_0}{2\pi}\,\mathrm{e}^{ir\omega_2 T_0}\left\{m_\xi^2\left(\varkappa_\varepsilon(r;\omega_1,\omega_2)\int_0^1\int_0^1 f(x)\,f(y)\,\frac{\mathrm{d}\chi_T(\omega_1 x)}{\mathrm{d}(\omega_1 x)}\,\frac{\mathrm{d}\chi_T^*(\omega_2 y)}{\mathrm{d}(\omega_2 y)}\,\mathrm{d}x\,\mathrm{d}y\,+\right.\right.$$

$$\left.+\,\chi_\varepsilon(r;\omega_1,\omega_2)\int_0^1\int_0^1 f(x)\,f(y)\,\frac{\partial^2\varkappa_T(r;\omega_1 x,\omega_2 y)}{\partial(\omega_1 x)\,\partial(\omega_2 y)}\,\mathrm{d}x\,\mathrm{d}y\right)+$$

$$\left.+\,\sigma_\xi^2\varrho_\xi(r)\,\chi_\varepsilon(r;\omega_1,\omega_2)\int_0^1\int_0^1 f(x)\,f(y)\,\frac{\partial^2\chi_T(r;\omega_1 x,\omega_2 y)}{\partial(\omega_1 x)\,\partial(\omega_2 y)}\,\mathrm{d}x\,\mathrm{d}y\right\}$$

darstellen. Aus diesen Beziehungen folgt unter Berücksichtigung von (42) und (43) die Abschätzung

$$\left|\sum_{r=-N}^{N}\beta_r(\omega_1,\omega_2)\right| \leqq |\beta_0(\omega_1,\omega_2)| + \sum_{r=-N,\neq 0}^{N}|\beta_r(\omega_1,\omega_2)|$$

$$\leqq \frac{\omega_0}{2\pi}\left(\int_0^1 |f(x)|\,\mathrm{d}x\right)^2\left\{m_\xi^2(\mathrm{E}^2[T]\,(1 + 2M_\varepsilon) + \mathrm{E}[T^2] + 2M_T) + \sigma_\xi^2\,\mathrm{E}[T^2]\,(1 + 2C_\xi)\right\}.$$

Damit ist nach dem Satz von Lebesgue die Möglichkeit der Vertauschung von Summation und Integration gezeigt. Die Beziehungen (45) und (46) sind somit bewiesen. Die Abschätzung (47) folgt aus der letzten für $N \to \infty$. Damit aber ist der gesamte Satz bewiesen.

Literatur

1 Levin, B. R., Theoretische Grundlagen der statistischen Radiotechnik, Bd. 1, Verlag „Sowjetskoe radio", Moskau 1969 (russ.).
2 Gelfand, I. M., und Schilow, G. E., Verallgemeinerte Funktionen (Distributionen), Bd. I, VEB Deutscher Verlag der Wiss., Berlin 1966.
3 Gelfand, I. M., und Schilow, G. E., Verallgemeinerte Funktionen (Distributionen), Bd. II, VEB Deutscher Verlag der Wiss., Berlin 1962.
4 Gelfand, I. M., und Wilenkin, N. J., Verallgemeinerte Funktionen (Distributionen), Bd. IV, VEB Deutscher Verlag der Wiss., Berlin 1964.
5 Achieser, N. I., Vorlesungen über Approximationstheorie, Akademie-Verlag, Berlin 1953.
6 Sz.-Nagy, B., Introduction to Real Functions and Orthogonal Expansions, Akadémiai Kiadó, Budapest 1964.
7 Renger, A., und Gupta, K. N., Spektralanalyse von stochastisch deformierten Impulsfolgen mittels der generalisierten Spektraldichte, ZAMM **53**, (1973), S. 217–228.
8 Renger, A., Verhalten linearer Schwingungssysteme, die durch stochastische Impulsfolgen erregt werden, Maschinenbautechnik 20 (1971), Teil I in Heft 11, Teil II in Heft 12.
9 Renger, A., Berechnung von zufallserregten Schwingungssystemen mittels des Distributionenkalküls, in Beiträge zur Schwingungstheorie, Schriftenreihe des Zentralinstituts für Mathematik und Mechanik bei der AdW der DDR, Heft 19, Akademie-Verlag, Berlin 1974.
10 Yosida, K., Functional Analysis, Mir, Moskau 1967 (russ.).
11 Müller, P. H., Wahrscheinlichkeitsrechnung und mathematische Statistik (Lexikon), Akademie-Verlag, Berlin 1970.

Eingereicht am 19. 5. 1976

Anschrift: Dr. Arndt Renger, Zentralinstitut für Mathematik und Mechanik der Akademie der Wissenschaften der DDR, DDR-108 Berlin, Mohrenstraße 39, DDR

ZAMM 57, 693 – 705 (1977)

E. WINDISCH

Zur Torsion zusammengesetzter Stäbe

Das Torsionsproblem für Stäbe, die aus einer Anzahl prismatischer Teilstäbe unterschiedlicher Werkstoffe zusammengesetzt sind, wird auf ein System von Fredholmschen Integralgleichungen zurückgeführt. Für das Problem wird eine numerische Lösungsmethode angegeben, die für beliebige Querschnittsarten anwendbar ist. Die Anwendbarkeit dieser Methode wird an Hand von Beispielen gezeigt.

The torsion problem of bars composed of a number of prismatical partial bars of diverse materials is reduced to a system of Fredholm integral equations. Solving the problem a numerical method is presented which may be applied to any type of cross-section. The application of this method is demonstrated by examples.

Проблема кручения дла стержней, составленных из нескольких отдельных стержней призматической формы из различных материалов, сводится к системе интегральных уравнений Фредгольма. Для решения проблемы указывается численный метод, который применимый для всех видов поперечных сечений. Применимость этого метода показана на примерах.

0. Einleitung

Zur Berechnung torsionsbeanspruchter homogener prismatischer Stäbe gibt es eine Vielzahl an exakten wie auch Näherungsmethoden. Demgegenüber mangelt es an einem geeigneten Verfahren zur Lösung des Torsionsproblems für Stäbe, die aus Teilen unterschiedlicher Werkstoffe bestehen. Derartige Berechnungsunterlagen haben aber besonders für den Festigkeitsnachweis und für die Dimensionierung von Verbundstäben Bedeutung. Mit dieser Arbeit soll ein Beitrag zur Schließung der bestehenden Lücke geleistet werden.

In [1] [2] hat der Verfasser die Torsion homogener prismatischer Stäbe behandelt und für die Lösung des Problems eine auf dem Querschnittsrand arbeitende Integralgleichungsmethode angegeben. Auf dieser Methode aufbauend untersuchen wir im folgenden die Torsion von Stäben, die aus prismatischen Teilstäben unterschiedlicher Werkstoffe zusammengesetzt sind. Die als homogen und isotrop vorausgesetzten einzelnen Teile des zusammengesetzten Stabes sind längs der Mantelflächen fest miteinander verbunden. Das vorliegende Problem wird durch ein System von zwei FREDHOLMschen Integralgleichungen beschrieben. Eine geschlossene Lösung des Integralgleichungssystems ist im allgemeinen nicht möglich. Es wird deshalb ein numerisches Verfahren vorgeschlagen, das auf der Anwendung der GAUSS-NYSTRÖMschen Näherungsmethode beruht.

Mit dem im folgenden beschriebenen Verfahren können auf Torsion beanspruchte Stäbe berechnet werden, die aus einer endlichen Anzahl prismatischer Teilstäbe beliebigen Querschnitts und unterschiedlicher Werkstoffe zusammengesetzt sind.

1. Grundlagen

Wir betrachten einen aus m prismatischen Teilen unterschiedlicher Werkstoffe zusammengesetzten Stab. Der Stabquerschnitt A gliedert sich somit auf in m Teilgebiete mit den Querschnitten $A_1, A_2, \ldots, A_m$. Den Rand der Teilgebiete A_i bezeichnen wir mit C_i, wobei wir zunächst annehmen, daß er aus einer Anzahl geschlossener glatter Kurven gebildet wird. Die Ränder zweier aneinander grenzender Teilgebiete A_i und A_j besitzen einen gemeinsamen Teil, die sogenannte Trennlinie C_{ij} (Bild 1).

Die z-Achse eines kartesischen Koordinatensystems x, y, z legen wir parallel zur Stabachse. Wir bezeichnen die Drillung mit ϑ, und $\varphi = \varphi(x, y)$ bedeutet die Wölbfunktion.

Für die Verschiebungskomponenten u, v, w in Richtung der Koordinatenachsen x, y, z gelte wie beim homogenen prismatischen Stab der Ansatz

$$u = -\vartheta yz, \qquad v = \vartheta xz, \qquad w = \vartheta\varphi(x, y). \tag{1}$$

Die Verzerrungen γ_{kl} folgen aus den linearen partiellen Ableitungen der Verschiebungen. Zwischen den Verzerrungen und den Spannungen gelte das HOOKEsche Gesetz. Danach lauten die Spannungskomponenten in jedem

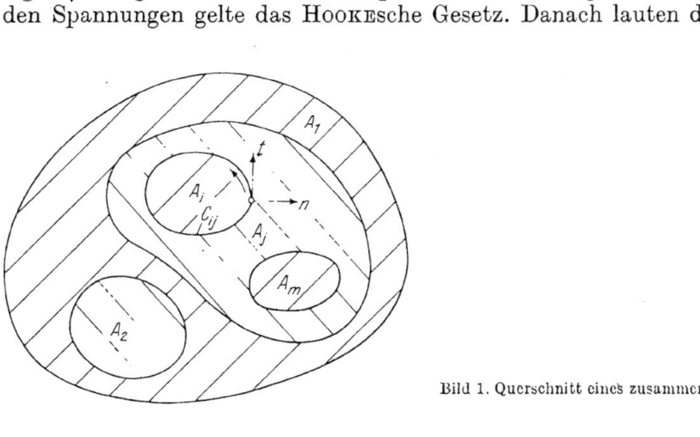

Bild 1. Querschnitt eines zusammengesetzten Stabes

Gebiet A_i $(i = 1, 2, \dots, m)$

$$\begin{aligned} &\sigma_{xx} = \sigma_{yy} = \sigma_{zz} = \tau_{xy} = 0\,, \\ &\tau_{xz} = G_i \gamma_{xz} = G_i \vartheta \left(\frac{\partial \varphi}{\partial x} - y\right), \\ &\tau_{yz} = G_i \gamma_{yz} = G_i \vartheta \left(\frac{\partial \varphi}{\partial y} + x\right), \end{aligned} \tag{2}$$

wobei G_i der Schubmodul des Gebietes A_i ist.

Die einzige verbleibende Gleichgewichtsbedingung

$$\frac{\partial \tau_{xz}}{\partial x} + \frac{\partial \tau_{yz}}{\partial y} = 0 \tag{3}$$

wird identisch erfullt, wenn man die Spannungen gemäß

$$\tau_{xz} = G_i \vartheta \frac{\partial \Psi}{\partial y}\,, \qquad \tau_{yz} = -\,G_i \vartheta \frac{\partial \Psi}{\partial x} \tag{4}$$

aus einer Torsionsfunktion

$$\Psi(x, y) = \psi(x, y) - \tfrac{1}{2}(x^2 + y^2) \tag{5}$$

ableitet, in der $\psi(x, y)$ die zu $\varphi(x, y)$ konjugierte Potentialfunktion ist.

Die Randbedingungen des Problems lauten:

a) Die Verschiebungskomponenten u, v, w sind im gesamten Stab einschließlich der Trennflächen stetig. Diese Bedingung verlangt für die Wölbfunktion

$$\varphi_i = \varphi_j \quad \text{auf} \quad C_{ij}\,. \tag{6}$$

b) Der Schubspannungsvektor muß am Rand C des Querschnittes A überall tangential zu diesem verlaufen. Für die Normalkomponente τ_{nz} des Schubspannungsvektors bedeutet dies

$$\tau_{nz} = 0 \quad \text{auf} \quad C\,. \tag{7}$$

c) Der Satz von den zugeordneten Schubspannungen fordert, daß die Normalkomponente des Schubspannungsvektors beim Überschreiten der Trennlinien stetig ist, d. h.

$$\tau^i_{nz} = \tau^j_{nz} \quad \text{auf} \quad C_{ij}\,. \tag{8}$$

Unter Beachtung von Gl. (4) und Gl. (5) können wir die Randbedingung (8) in folgender Form schreiben:

$$G_i \psi_i - G_j \psi_j = \tfrac{1}{2}(G_i - G_j)(x^2 + y^2) + \text{const.} \quad \text{auf} \quad C_{ij}\,. \tag{9}$$

Wie man sofort sieht, ist die Randbedingung (7) in Gl. (9) enthalten. Sie folgt aus dieser unmittelbar, wenn wir die freien Randkurven als Trennlinien verstehen und für das freie Gebiet $G_j = 0$ setzen.

2. Zurückführung des Problems auf Integralgleichungen

Es wird eine analytische Funktion $f(z)$ der komplexen Veränderlichen $z = x + iy$ eingeführt, die durch

$$f(z) = \varphi(x, y) + i\psi(x, y) \tag{10}$$

definiert ist und als Torsionspotential bezeichnet wird. Der Rand C_i der einzelnen Teilgebiete A_i $(i = 1, 2, \dots, m)$ des zusammengesetzten Stabes ist in Parameterform

$$z_{C_i} = z_{C_i}(p) = x_{C_i}(p) + i y_{C_i}(p) \tag{11}$$

vorgegeben.

Gemäß der oben getroffenen Annahme betrachten wir hier zusammengesetzte Stäbe, wo jeder der fest miteinander verbundenen m Teilstäbe aus einem anderen, aber homogenen isotropen Werkstoff besteht. Es bietet sich daher an, die früher [1] [2] aus dem CAUCHYschen Integralsatz für den homogenen prismatischen Stab entwickelten FREDHOLMschen Gleichungen

$$\begin{aligned} &\oint_C \left\{[\varphi(s) - \varphi(t)]\,\mathrm{Re}\left(\frac{\zeta^\cdot}{\zeta - z}\right) - [\psi(s) - \psi(t)]\,\mathrm{Im}\left(\frac{\zeta^\cdot}{\zeta - z}\right)\right\} ds = 0\,, \\ &\oint_C \left\{[\varphi(s) - \varphi(t)]\,\mathrm{Im}\left(\frac{\zeta^\cdot}{\zeta - z}\right) + [\psi(s) - \psi(t)]\,\mathrm{Re}\left(\frac{\zeta^\cdot}{\zeta - z}\right)\right\} ds = 0 \end{aligned} \tag{12}$$

auch hier zu benutzen. Dabei ist

$$\begin{aligned} &\zeta = \xi + i\eta = \zeta_C(s)\,, \\ &z = x + iy = z_C(t)\,, \end{aligned} \tag{13}$$

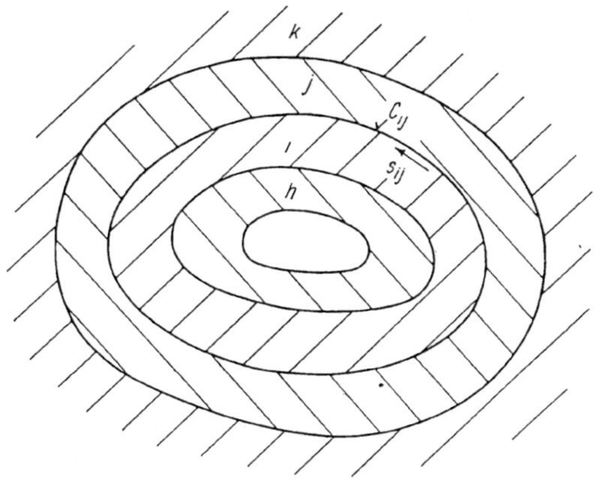

Bild 2. Modell eines aus zweifach zusammenhängenden Gebieten bestehenden Querschnittes

und weiterhin bedeuten

$$\frac{\mathrm{d}}{\mathrm{d}s} = (\ )^{\cdot}\,,$$

$$\frac{\mathrm{d}}{\mathrm{d}t} = (\ )'\,.$$

Wenden wir die Beziehungen (12) auf die Trennlinie C_{ij} (Bild 2) an und beachten dabei, daß diese Teil der Berandung sowohl des Gebietes A_i als auch des Gebietes A_j ist, so gilt für das Gebiet A_i

$$\begin{aligned}&\oint\limits_{C_{ih}} \left\{[\varphi_i(s_{ih}) - \varphi_i(t_{ij})] \operatorname{Re}\left(\frac{\dot\zeta_{ih}}{\zeta_{ih} - z_{ij}}\right) - [\psi_i(s_{ih}) - \psi_i(t_{ij})] \operatorname{Im}\left(\frac{\dot\zeta_{ih}}{\zeta_{ih} - z_{ij}}\right)\right\} \mathrm{d}s_{ih} + \\ &+ \oint\limits_{C_{ij}} \left\{[\varphi_i(s_{ij}) - \varphi_i(t_{ij})] \operatorname{Re}\left(\frac{\dot\zeta_{ij}}{\zeta_{ij} - z_{ij}}\right) - [\psi_i(s_{ij}) - \psi_i(t_{ij})] \operatorname{Im}\left(\frac{\dot\zeta_{ij}}{\zeta_{ij} - z_{ij}}\right)\right\} \mathrm{d}s_{ij} = 0\,, \end{aligned} \tag{14}$$

$$\begin{aligned}&\oint\limits_{C_{ih}} \left\{[\varphi_i(s_{ih}) - \varphi_i(t_{ij})] \operatorname{Im}\left(\frac{\dot\zeta_{ih}}{\zeta_{ih} - z_{ij}}\right) + [\psi_i(s_{ih}) - \psi_i(t_{ij})] \operatorname{Re}\left(\frac{\dot\zeta_{ih}}{\zeta_{ih} - z_{ij}}\right)\right\} \mathrm{d}s_{ih} + \\ &+ \oint\limits_{C_{ij}} \left\{[\varphi_i(s_{ij}) - \varphi_i(t_{ij})] \operatorname{Im}\left(\frac{\dot\zeta_{ij}}{\zeta_{ij} - z_{ij}}\right) + [\psi_i(s_{ij}) - \psi_i(t_{ij})] \operatorname{Re}\left(\frac{\dot\zeta_{ij}}{\zeta_{ij} - z_{ij}}\right)\right\} \mathrm{d}s_{ij} = 0\,, \end{aligned} \tag{15}$$

und fur das Gebiet A_j

$$\begin{aligned}&\oint\limits_{C_{ji}} \left\{[\varphi_j(s_{ji}) - \varphi_j(t_{ji})] \operatorname{Re}\left(\frac{\dot\zeta_{ji}}{\zeta_{ji} - z_{ji}}\right) - [\psi_j(s_{ji}) - \psi_j(t_{ji})] \operatorname{Im}\left(\frac{\dot\zeta_{ji}}{\zeta_{ji} - z_{ji}}\right)\right\} \mathrm{d}s_{ji} + \\ &+ \oint\limits_{C_{jk}} \left\{[\varphi_j(s_{jk}) - \varphi_j(t_{ji})] \operatorname{Re}\left(\frac{\dot\zeta_{jk}}{\zeta_{jk} - z_{ji}}\right) - [\psi_j(s_{jk}) - \psi_j(t_{ji})] \operatorname{Im}\left(\frac{\dot\zeta_{jk}}{\zeta_{jk} - z_{ji}}\right)\right\} \mathrm{d}s_{jk} = 0\,; \end{aligned} \tag{16}$$

$$\begin{aligned}&\oint\limits_{C_{ji}} \left\{[\varphi_j(s_{ji}) - \varphi_j(t_{ji})] \operatorname{Im}\left(\frac{\dot\zeta_{ji}}{\zeta_{ji} - z_{ji}}\right) + [\psi_j(s_{ji}) - \psi_j(t_{ji})] \operatorname{Re}\left(\frac{\dot\zeta_{ji}}{\zeta_{ji} - z_{ji}}\right)\right\} \mathrm{d}s_{ji} + \\ &+ \oint\limits_{C_{jk}} \left\{[\varphi_j(s_{jk}) - \varphi_j(t_{ji})] \operatorname{Im}\left(\frac{\dot\zeta_{jk}}{\zeta_{jk} - z_{ji}}\right) + [\psi_j(s_{jk}) - \psi_j(t_{ji})] \operatorname{Re}\left(\frac{\dot\zeta_{jk}}{\zeta_{jk} - z_{ji}}\right)\right\} \mathrm{d}s_{jk} = 0\,. \end{aligned} \tag{17}$$

Die Gleichungen (14) bis (17) bilden ein System von gekoppelten FREDHOLMschen Integralgleichungen zweiter Art mit zum Teil singulären Kernen. Von den singulären Kernen

$$\operatorname{Im}\left(\frac{\dot\zeta_{ij}}{\zeta_{ij} - z_{ij}}\right), \qquad \operatorname{Re}\left(\frac{\dot\zeta_{ij}}{\zeta_{ij} - z_{ij}}\right)$$

besitzt der letztere eine nicht hebbare Unstetigkeit. Mit Hilfe der Randbedingungen (6) und (9) gelingt es aber, die Glieder mit den nicht hebbaren Unstetigkeiten aus den Integralgleichungen zu eliminieren.

Zum Vorteil fur die spätere numerische Rechnung wird noch die Funktion

$$\chi(p_{\alpha\beta}) = \tfrac{1}{2}\,[\psi_\alpha(p_{\alpha\beta}) + \psi_\beta(p_{\alpha\beta})] \tag{18}$$

eingeführt, so daß mit Gl. (9) gilt

$$\begin{aligned}\psi_\alpha(p_{\alpha\beta}) &= \frac{2G_\beta}{G_\alpha + G_\beta}\,\chi(p_{\alpha\beta}) + \frac{1}{2}\,\frac{G_\alpha - G_\beta}{G_\alpha + G_\beta}\,z_{\alpha\beta}\bar{z}_{\alpha\beta}\,,\\ \psi_\beta(p_{\alpha\beta}) &= \frac{2G_\alpha}{G_\alpha + G_\beta}\,\chi(p_{\alpha\beta}) + \frac{1}{2}\,\frac{G_\beta - G_\alpha}{G_\alpha + G_\beta}\,z_{\alpha\beta}\bar{z}_{\alpha\beta}\,.\end{aligned} \tag{19}$$

Beim Aufstellen der Gln. (14) bis (17) sind wir von einem zusammengesetzten Stab ausgegangen, bei dem die Querschnitte der Teilstäbe aus zweifach zusammenhängenden Gebieten bestehen (Bild 2). Die Verallgemeinerung für den Fall, daß die Querschnitte der Teilstäbe mehr als zweifach zusammenhängend sind, ist ohne weiteres möglich. Sie erfordert weiter nichts, als daß wir die Integration über alle Randkurven der an die Trennlinie C_{ij} angrenzenden Teilgebiete erstrecken.

Berücksichtigen wir dieses, und führen wir außerdem die Beziehungen gemäß Gl. (19) in die Betrachtungen ein, so erhalten wir aus den Gln. (14) bis (17) im Ergebnis der Umformungen das Integralgleichungssystem

$$\begin{aligned}&\sum_{h(i)} \oint_{C_{ih}} \Bigg\{[\varphi(s_{ih}) - \varphi(t_{ij})]\,\mathrm{Re}\left(\frac{\zeta_{ih}}{\zeta_{ih} - z_{ij}}\right) -\\ &\quad - \left[\frac{2G_h}{G_i + G_h}\,\chi(s_{ih}) - \frac{2G_j}{G_i + G_j}\,\chi(t_{ij}) + \frac{1}{2}\left(\frac{G_i - G_h}{G_i + G_h}\,\zeta_{ih}\bar{\zeta}_{ih} - \frac{G_i - G_j}{G_i + G_j}\,z_{ij}\bar{z}_{ij}\right)\right]\mathrm{Im}\left(\frac{\zeta_{ih}}{\zeta_{ih} - z_{ij}}\right)\Bigg\}\,\mathrm{d}s_{ih} +\\ &+ \sum_{k(j)} \oint_{C_{jk}} \Bigg\{[\varphi(s_{jk}) - \varphi(t_{ij})]\,\mathrm{Re}\left(\frac{\zeta_{jk}}{\zeta_{jk} - z_{ij}}\right) -\\ &\quad - \left[\frac{2G_k}{G_j + G_k}\,\chi(s_{jk}) - \frac{2G_i}{G_i + G_j}\,\chi(t_{ij}) + \frac{1}{2}\left(\frac{G_j - G_k}{G_j + G_k}\,\zeta_{jk}\bar{\zeta}_{jk} - \frac{G_j - G_i}{G_i + G_j}\,z_{ij}\bar{z}_{ij}\right)\right]\mathrm{Im}\left(\frac{\zeta_{jk}}{\zeta_{jk} - z_{ij}}\right)\Bigg\}\,\mathrm{d}s_{jk} = 0\,,\end{aligned} \tag{20}$$

$$\begin{aligned}&G_i \sum_{h(i)} \oint_{C_{ih}} \Bigg\{[\varphi(s_{ih}) - \varphi(t_{ij})]\,\mathrm{Im}\left(\frac{\zeta_{ih}}{\zeta_{ih} - z_{ij}}\right) +\\ &\quad + \left[\frac{2G_h}{G_i + G_h}\,\chi(s_{ih}) - \frac{2G_j}{G_i + G_j}\,\chi(t_{ij}) + \frac{1}{2}\left(\frac{G_i - G_h}{G_i + G_h}\,\zeta_{ih}\bar{\zeta}_{ih} - \frac{G_i - G_j}{G_i + G_j}\,z_{ij}\bar{z}_{ij}\right)\right]\mathrm{Re}\left(\frac{\zeta_{ih}}{\zeta_{ih} - z_{ij}}\right)\Bigg\}\,\mathrm{d}s_{ih} +\\ &+ G_j \sum_{k(j)} \oint_{C_{jk}} \Bigg\{[\varphi(s_{jk}) - \varphi(t_{ij})]\,\mathrm{Im}\left(\frac{\zeta_{jk}}{\zeta_{jk} - z_{ij}}\right) +\\ &\quad + \left[\frac{2G_k}{G_j + G_k}\,\chi(s_{jk}) - \frac{2G_i}{G_i + G_j}\,\chi(t_{ij}) + \frac{1}{2}\left(\frac{G_j - G_k}{G_j + G_k}\,\zeta_{jk}\bar{\zeta}_{jk} - \frac{G_j - G_i}{G_i + G_j}\,z_{ij}\bar{z}_{ij}\right)\right]\mathrm{Re}\left(\frac{\zeta_{jk}}{\zeta_{jk} - z_{ij}}\right)\Bigg\}\,\mathrm{d}s_{jk} = 0\,.\end{aligned} \tag{21}$$

Damit haben wir das Problem der Torsion eines Stabes, der aus einer Anzahl prismatischer Teile unterschiedlicher Werkstoffe zusammengesetzt ist, auf ein System von inhomogenen FREDHOLMschen Integralgleichungen zweiter Art für die Wölbfunktion φ und die Funktion χ auf den Teilgebietsrändern des Stabquerschnittes zurückgeführt.

Es läßt sich leicht zeigen, daß die Integralgleichung für den homogenen prismatischen Stab ein Spezialfall der Gl. (21) ist.

Die Funktion χ hat nur für die Trennlinien Bedeutung. Auf den freien Rändern dient χ zur Bestimmung der Konstanten von Gl. (9). Diese Konstanten haben aber auf die Spannungen und Verzerrungen keinen Einfluß und sind deshalb uninteressant. Die Bestimmungsgleichung für χ auf den freien Rändern ist die Gl. (20), die für diese demzufolge entfallen kann.

Wie man sich leicht überzeugen kann, besitzt das zu den Gln. (20) und (21) gehörende homogene System nichttriviale Lösungen. Nach der allgemeinen Theorie der FREDHOLMschen Integralgleichungen hat aber, wenn für das homogene System linear unabhängige Lösungen existieren, das inhomogene System im allgemeinen keine Lösung. Erfüllt dieses inhomogene System allerdings bestimmte Bedingungen, so ist eine Lösung auch hier möglich.

Im vorliegenden Fall erhalten wir die Lösbarkeitsbedingung aus der Forderung nach der Eindeutigkeit der axialen Verschiebung eines beliebigen Querschnittspunktes. Dieses führt auf die Bedingung

$$\sum_l \oint_{C_l} \varphi(s_l)\,\mathrm{d}s_l = 0\,, \tag{22}$$

wobei l alle Trennlinien, d. h. auch die freien Randkurven, durchläuft.

Bei den Ableitungen haben wir vorausgesetzt, daß die Ränder der Teilgebiete des Stabquerschnittes geschlossene glatte Kurven sind (Bild 1). Wir werden später noch sehen, daß wir bei der numerischen Lösung des Integralgleichungssystems auch dann noch befriedigende Ergebnisse erhalten, wenn die Ränder der Teilgebiete Eckpunkte haben.

3. Lösung des Integralgleichungssystems

Eine geschlossene Lösung des Integralgleichungssystems (20) und (21) ist im allgemeinen nicht möglich. Wir fuhren die Lösung numerisch durch und wenden dazu das GAUSS-NYSTRÖMsche Näherungsverfahren [3] an. Bei diesem Verfahren werden die bestimmten Integrale

$$\int\limits_a^b f(x)\,\mathrm{d}x = \frac{b-a}{2h}\int\limits_{-h}^{h}\bar{f}(p)\,\mathrm{d}p$$

mittels der bekannten GAUSSschen Quadraturformeln durch Summen

$$\int\limits_{-h}^{h}\bar{f}(p)\,\mathrm{d}p = \sum_{i=1}^{n} B_i\bar{f}(p_i) \tag{23}$$

angenähert, wobei p_i ganz bestimmte Stellen des Intervalls und B_i gegebene Gewichte sind. Aus dem Integralgleichungssystem (20) und (21) entsteht dann ein lineares algebraisches Gleichungssystem

$$\begin{aligned}
&\sum_{\mu=1}^{n_0} a_{\nu\mu}\varphi_\mu + \sum_{\mu=n_1+1}^{n_0} b_{\nu\mu}\chi_\mu + c_\nu = 0\,, \qquad \nu = 1, 2, \dots, (n_0-1)\\
&\sum_{\mu=1}^{n_0} d_{\nu\mu}\varphi_\mu + \sum_{\mu=n_1+1}^{n_0} e_{\nu\mu}\chi_\mu + f_\nu = 0\,, \qquad \nu = (n_1+1), \dots, n_0
\end{aligned} \tag{24}$$

mit $(2n_0 - n_1 - 1)$ linear unabhängigen Gleichungen. Weil das zu (24) gehörende homogene Gleichungssystem genau wie das homogene Integralgleichungssystem nichttriviale Lösungen besitzt, die eine lineare Abhängigkeit für das inhomogene System zur Folge hat, wurde in (24) eine Gleichung weggelassen.

Die zur eindeutigen Lösung des Problems noch fehlende Gleichung bekommen wir aus der Lösbarkeitsbedingung für das Integralgleichungssystem, d. h. aus Gl. (22). Wenden wir die Quadraturformel (23) auf das Integral von (22) an, so bekommen wir statt Gl. (22) die Näherungsgleichung

$$\sum_{\mu=1}^{n_0} B_\mu\varphi_\mu = 0\,. \tag{25}$$

Es bedeuten n_0 die Gesamtzahl der Punkte auf allen Rändern und n_1 die Anzahl der Punkte auf den freien Randkurven. Mit (24) und (25) stehen $(2n_0 - n_1) = n$ Gleichungen zur eindeutigen Bestimmung der n Unbekannten zur Verfügung, d. h. für n_0 Werte von φ und $(n_0 - n_1)$ Werte von χ.

Bedeutet $\sum\limits_{\varrho=1}^{n_0}{}'$, daß über alle ϱ außer $\varrho = \nu$ zu summieren ist, und stellt δ_{kl} das Kroneckersymbol dar, so haben die Koeffizienten von (24) die Form

$$\begin{aligned}
a_{\nu\mu} &= B_\mu(1-\delta_{\nu\mu})\left[(\delta_{i_\nu i_\mu} - \delta_{i_\nu j_\mu})\,G_{i_\nu} + (\delta_{j_\nu i_\mu} - \delta_{j_\nu j_\mu})\,G_{j_\nu}\right]\mathrm{Im}\left(\frac{\dot z_\mu}{z_\mu - z_\nu}\right) -\\
&\quad - \delta_{\nu\mu}\left\{\sum_{\varrho=1}^{n_0}{}' B_\varrho\left[(\delta_{i_\nu i_\varrho} - \delta_{i_\nu j_\varrho})\,G_{i_\nu} + (\delta_{j_\nu i_\varrho} - \delta_{j_\nu j_\varrho})\,G_{j_\nu}\right]\mathrm{Im}\left(\frac{\dot z_\varrho}{z_\varrho - z_\nu}\right) + \bar a_{\nu\mu}\right\},\\
b_{\nu\mu} &= 2\left\{B_\mu(1-\delta_{\nu\mu})\left[\left(\delta_{i_\nu i_\mu}\frac{G_{j_\mu}}{G_{i_\nu}+G_{i_\mu}} - \delta_{i_\nu j_\mu}\frac{G_{i_\mu}}{G_{i_\nu}+G_{i_\mu}}\right)G_{i_\nu} +\right.\right.\\
&\quad \left. + \left(\delta_{j_\nu j_\mu}\frac{G_{j_\mu}}{G_{j_\nu}+G_{j_\mu}} - \delta_{j_\nu j_\mu}\frac{G_{i_\mu}}{G_{j_\nu}+G_{i_\mu}}\right)G_{j_\nu}\right]\mathrm{Re}\left(\frac{\dot z_\mu}{z_\mu - z_\nu}\right) -\\
&\quad \left. - \delta_{\nu\mu}\left\langle\frac{G_{i_\nu}G_{j_\nu}}{G_{i_\nu}+G_{j_\nu}}\sum_{\varrho=1}^{n_0}{}' B_\varrho\left[(\delta_{i_\nu i_\varrho} - \delta_{i_\nu j_\varrho}) + (\delta_{j_\nu i_\varrho} - \delta_{j_\nu j_\varrho})\right]\mathrm{Re}\left(\frac{\dot z_\varrho}{z_\varrho - z_\nu}\right) + \bar b_{\nu\mu}\right\rangle\right\},\\
c_\nu &= \sum_{\varrho=1}^{n_0} c_{\nu\varrho}\\
&= \frac{1}{2}\sum_{\varrho=1}^{n_0}{}' B_\varrho\left\{\left[\delta_{i_\nu i_\varrho}\left(\frac{G_{i_\nu}-G_{j_\varrho}}{G_{i_\nu}+G_{j_\varrho}}z_\varrho\bar z_\varrho - \frac{G_{i_\nu}-G_{j_\nu}}{G_{i_\nu}+G_{j_\nu}}z_\nu\bar z_\nu\right) - \delta_{i_\nu j_\varrho}\left(\frac{G_{i_\nu}-G_{i_\varrho}}{G_{i_\nu}+G_{i_\varrho}}z_\varrho\bar z_\varrho - \frac{G_{i_\nu}-G_{j_\nu}}{G_{i_\nu}+G_{j_\nu}}z_\nu\bar z_\nu\right)\right]G_{i_\nu} +\right.\\
&\quad + \left[\delta_{j_\nu i_\varrho}\left(\frac{G_{j_\nu}-G_{j_\varrho}}{G_{i_\nu}+G_{j_\varrho}}z_\varrho\bar z_\varrho - \frac{G_{j_\nu}-G_{i_\nu}}{G_{i_\nu}+G_{j_\nu}}z_\nu\bar z_\nu\right) -\right.\\
&\quad \left.\left. - \delta_{j_\nu j_\varrho}\left(\frac{G_{j_\nu}-G_{i_\varrho}}{G_{j_\nu}+G_{i_\varrho}}z_\varrho\bar z_\varrho - \frac{G_{i_\nu}-G_{i_\nu}}{G_{i_\nu}+G_{j_\nu}}z_\nu\bar z_\nu\right)\right]G_{j_\nu}\right\}\mathrm{Re}\left(\frac{\dot z_\varrho}{z_\varrho - z_\nu}\right) + c_{\nu\nu}\\
d_{\nu\mu} &= B_\mu(1-\delta_{\nu\mu})\left[(\delta_{i_\nu i_\mu} - \delta_{i_\nu j_\mu}) + (\delta_{j_\nu i_\mu} - \delta_{j_\nu j_\mu})\right]\mathrm{Re}\left(\frac{\dot z_\mu}{z_\mu - z_\nu}\right) -\\
&\quad - \delta_{\nu\mu}\left\{\sum_{\varrho=1}^{n_0}{}' B_\varrho\left[(\delta_{i_\nu i_\varrho} - \delta_{i_\nu j_\varrho}) + (\delta_{j_\nu i_\varrho} - \delta_{j_\nu j_\varrho})\right]\mathrm{Re}\left(\frac{\dot z_\varrho}{z_\varrho - z_\nu}\right) + \bar d_{\nu\mu}\right\}.
\end{aligned} \tag{26}$$

$$e_{\nu\mu} = -2\left\{B_\mu(1-\delta_{\nu\mu})\left[\left(\delta_{i_\nu i_\mu}\frac{G_{j_\mu}}{G_{i_\nu}+G_{j_\mu}} - \delta_{i_\nu j_\mu}\frac{G_{i_\mu}}{G_{i_\nu}+G_{i_\mu}}\right)+\left(\delta_{j_\nu i_\mu}\frac{G_{j_\mu}}{G_{j_\nu}+G_{j_\mu}} - \delta_{j_\nu j_\mu}\frac{G_{i_\mu}}{G_{j_\nu}+G_{i_\mu}}\right)\right]\operatorname{Im}\left(\frac{z_\mu}{z_\mu - z_\nu}\right) - \right.$$
$$\left. - \delta_{\nu\mu}\left\langle\sum_{\varrho=1}^{n_0}{}' B_\varrho\left[(\delta_{i_\nu i_\varrho} - \delta_{i_\nu j_\varrho})\frac{G_{j_\nu}}{G_{i_\nu}+G_{j_\nu}} + (\delta_{j_\nu i_\varrho} - \delta_{j_\nu j_\varrho})\frac{G_{i_\nu}}{G_{i_\nu}+G_{j_\nu}}\right]\operatorname{Im}\left(\frac{z_\varrho}{z_\varrho - z_\nu}\right) + \bar{e}_{\nu\mu}\right\rangle\right\},$$

$$f_\nu = -\sum_{\varrho=1}^{n_0} f_{\nu\varrho}$$
$$= -\frac{1}{2}\sum_{\varrho=1}^{n_0}{}' B_\varrho\left\{\left[\delta_{i_\nu i_\varrho}\left(\frac{G_{i_\nu}-G_{j_\varrho}}{G_{i_\nu}+G_{j_\varrho}}z_\varrho\bar{z}_\varrho - \frac{G_{i_\nu}-G_{j_\nu}}{G_{i_\nu}+G_{j_\nu}}z_\nu\bar{z}_\nu\right) - \delta_{i_\nu j_\varrho}\left(\frac{G_{i_\nu}-G_{i_\varrho}}{G_{i_\nu}+G_{i_\varrho}}z_\varrho\bar{z}_\varrho - \frac{G_{i_\nu}-G_{j_\nu}}{G_{i_\nu}+G_{j_\nu}}z_\nu\bar{z}_\nu\right)\right] + \right.$$
$$\left. + \left[\delta_{j_\nu i_\varrho}\left(\frac{G_{j_\nu}-G_{j_\varrho}}{G_{j_\nu}+G_{j_\varrho}}z_\varrho\bar{z}_\varrho - \frac{G_{j_\nu}-G_{i_\nu}}{G_{i_\nu}+G_{j_\nu}}z_\nu z_\nu\right) - \delta_{j_\nu j_\varrho}\left(\frac{G_{j_\nu}-G_{i_\varrho}}{G_{j_\nu}+G_{i_\varrho}}z_\varrho\bar{z}_\varrho - \frac{G_{j_\nu}-G_{i_\nu}}{G_{i_\nu}+G_{j_\nu}}z_\nu\bar{z}_\nu\right)\right]\right\}\operatorname{Im}\left(\frac{z_\varrho}{z_\varrho - z_\nu}\right) + f_{\nu\nu}.$$

Für $\mu = \nu$ bzw. $\varrho = \nu$ erhält man unter Berücksichtigung der Grenzwerte [4]

$$\begin{aligned}
&\lim_{s_{ij}\to t_{ij}} [\varphi(s_{ij}) - \varphi(t_{ij})]\operatorname{Im}\left(\frac{\zeta_{ij}}{\zeta_{ij} - z_{ij}}\right) = 0\,,\\
&\lim_{s_{ij}\to t_{ij}} \frac{1}{2}(\zeta_{ij}\bar{\zeta}_{ij} - z_{ij}\bar{z}_{ij})\operatorname{Re}\left(\frac{\zeta_{ij}}{\zeta_{ij} - z_{ij}}\right) = \frac{1}{2}(z_{ij}\bar{z}_{ij}' + z_{ij}'\bar{z}_{ij})
\end{aligned} \tag{27}$$

die Koeffizienten

$$\begin{aligned}
&\bar{a}_{\nu\nu} = \bar{b}_{\nu\nu} = \bar{d}_{\nu\nu} = \bar{e}_{\nu\nu} = 0\,,\\
&c_{\nu\nu} = B_\nu\frac{G_{i_\nu} - G_{j_\nu}}{2}(z_\nu\bar{z}_\nu' + z_\nu'\bar{z}_\nu)\,,\\
&f_{\nu\nu} = 0\,.
\end{aligned} \tag{28}$$

4. Torsionspotential im Innern der Teilgebiete

Sind die Funktionen φ und χ auf dem Rand C_i eines Teilgebietes A_i bekannt, so kann man prinzipiell mittels der CAUCHYschen Integralformel auch die Funktionswerte des Torsionspotentials $f_i(z) = \varphi_i(x, y) + i\psi_i(x, y)$ für Punkte im Innern dieses Teilgebietes bestimmen. Im Hinblick auf die erreichbare Genauigkeit der numerischen Rechenergebnisse ist es jedoch günstiger, wenn man von der bekannten Beziehung

$$\oint_{C_i} \frac{f_i(\zeta) - f_i(z)}{\zeta - z}\,d\zeta = 0 \tag{29}$$

ausgeht. Durch Anwendung dieser Beziehung auf Punkte im Innern von A_i und Trennung von Real- und Imaginärteil ergibt sich mit (19) für die Funktionen $\varphi_i(x, y)$ und $\psi_i(x, y)$ das Gleichungssystem

$$\begin{aligned}
&\varphi_i(x,y)\oint_{C_i}\operatorname{Re}\left(\frac{\zeta_{ij}}{\zeta_{ij}-z}\right)ds_{ij} - \psi_i(x,y)\oint_{C_i}\operatorname{Im}\left(\frac{\zeta_{ij}}{\zeta_{ij}-z}\right)ds_{ij} -\\
&-\oint_{C_i}\left\{\varphi(s_{ij})\operatorname{Re}\left(\frac{\zeta_{ij}}{\zeta_{ij}-z}\right) - \left[\frac{2G_j}{G_i+G_j}\chi(s_{ij}) + \frac{1}{2}\frac{G_i-G_j}{G_i+G_j}\zeta_{ij}\bar{\zeta}_{ij}\right]\operatorname{Im}\left(\frac{\zeta_{ij}}{\zeta_{ij}-z}\right)\right\}ds_{ij} = 0\,,\\
&\varphi_i(x,y)\oint_{C_i}\operatorname{Im}\left(\frac{\zeta_{ij}}{\zeta_{ij}-z}\right)ds_{ij} + \psi_i(x,y)\oint_{C_i}\operatorname{Re}\left(\frac{\zeta_{ij}}{\zeta_{ij}-z}\right)ds_{ij} -\\
&-\oint_{C_i}\left\{\varphi(s_{ij})\operatorname{Im}\left(\frac{\zeta_{ij}}{\zeta_{ij}-z}\right) + \left[\frac{2G_j}{G_i+G_j}\chi(s_{ij}) + \frac{1}{2}\frac{G_i-G_j}{G_i+G_j}\zeta_{ij}\bar{\zeta}_{ij}\right]\operatorname{Re}\left(\frac{\zeta_{ij}}{\zeta_{ij}-z}\right)\right\}ds_{ij} = 0\,.
\end{aligned} \tag{30}$$

Daraus können für diskrete Punkte innerhalb eines Teilgebietes die gesuchten Funktionswerte berechnet werden. Die Auswertung der Integrale wird auch hier numerisch nach Formel (23) durchgeführt.

5. Torsionsschubspannung

Für die Schubspannungskomponenten auf den Teilgebietsrändern gelten die Definitionen

$$\begin{aligned}
&\tau_{tz}^i = -G_i\vartheta\frac{\partial\Psi}{\partial n}\,,\\
&\tau_{nz}^i = G_i\vartheta\frac{\partial\Psi}{\partial s}\,.
\end{aligned} \tag{31}$$

Setzen wir Gl. (5) in die erste Gleichung von (31) ein und berücksichtigen dabei, daß

$$\frac{\partial\psi}{\partial n} = -\frac{\partial\varphi}{\partial t}\Big/\frac{d\tilde{t}}{dt} = -\varphi'(t)\Big/\frac{d\tilde{t}}{dt}$$

und

$$\frac{d}{dn} = \left(y'\frac{d}{dx} - x'\frac{d}{dy}\right)\Big/\frac{d\tilde{t}}{dt}$$

ist, so folgt fur die Tangentialkomponente der Schubspannung auf dem Rand des Teilgebietes A_i

$$\tau^i_{tz} = G_i\vartheta[\varphi'(t_{ij}) + (xy' - x'y)]\Big/\frac{d\tilde{t}_{ij}}{dt_{ij}}, \tag{32}$$

wobei $\tilde{t}$ die Bogenlänge darstellt und t gemäß (11) ein Parameter ist.

Aus der zweiten Gleichung von (31) erhält man unter Einbeziehung der Gln. (5) und (19) für die Normalkomponente der Schubspannung auf dem Rand des Teilgebietes A_i

$$\tau^i_{nz} = \frac{2G_iG_j}{G_i + G_j}\vartheta\,[\chi'(t_{ij}) - (xx' + yy')]\Big/\frac{d\tilde{t}_{ij}}{dt_{ij}}. \tag{33}$$

Zwischen den Spannungskomponenten auf der Trennlinie C_{ij} gilt einmal die Gl. (8) und, wie man leicht verifiziert,

$$\tau^i_{tz} = -\frac{G_i}{G_j}\tau^j_{tz}\,. \tag{34}$$

Die noch unbekannten Funktionen $\varphi'(t_{ij})$ und $\chi'(t_{ij})$ können auf verschiedene Weise bestimmt werden, z. B. durch Anwendung von Interpolationsformeln oder auf grafischem Wege. Am zweckmäßigsten ist es jedoch, und die genauesten Ergebnisse erhält man, wenn die Funktionswerte von $\varphi'(t_{ij})$ und $\chi'(t_{ij})$ aus Beziehungen bestimmt werden, die sich durch Differentiation der Gln. (20) und (21) ergeben.

Berücksichtigt man, daß für eine geschlossene Randkurve C

$$\oint_C \mathrm{Re}\left(\frac{\zeta'}{\zeta - z}\right)ds = \oint_C \frac{d}{ds}\mathrm{Re}[\ln(\zeta - z)]\,ds = 0$$

ist und demgemäß

$$\sum_{k(i)}\oint_{C_{ik}}\mathrm{Re}\left(\frac{\zeta'_{ik}}{\zeta_{ik} - z_{ij}}\right)ds_{ik} + \sum_{k(j)}\oint_{C_{jk}}\mathrm{Re}\left(\frac{\zeta'_{jk}}{\zeta_{jk} - z_{ij}}\right)ds_{jk} = 0$$

gilt, so ergibt sich aus den Gln. (20) und (21) nach einer Differentiation

$$\begin{aligned}
\varphi'(t_{ij}) = {} & \frac{1}{G_i\sum\limits_{k(i)}\oint\limits_{C_{ik}}\mathrm{Im}\left(\frac{\zeta'_{ik}}{\zeta_{ik} - z_{ij}}\right)ds_{ik} + G_j\sum\limits_{k(j)}\oint\limits_{C_{jk}}\mathrm{Im}\left(\frac{\zeta'_{jk}}{\zeta_{jk} - z_{ij}}\right)ds_{jk}} \times \\
& \times \left\langle G_i\sum_{k(i)}\oint_{C_{ik}}\left\{[\varphi(s_{ik}) - \varphi(t_{ij})]\,\mathrm{Im}\left(\frac{\zeta_{ik}}{\zeta_{ik} - z_{ij}}\right)' - \frac{1}{2}\frac{G_i - G_j}{G_i + G_j}(z_{ij}\bar{z}_{ij})'\,\mathrm{Re}\left(\frac{\zeta'_{ik}}{\zeta_{ik} - z_{ij}}\right) + \right.\right. \\
& + \left[\frac{2G_k}{G_i + G_k}\chi(s_{ik}) - \frac{2G_j}{G_i + G_j}\chi(t_{ij}) + \frac{1}{2}\left(\frac{G_i - G_k}{G_i + G_k}\zeta_{ik}\bar{\zeta}_{ik} - \frac{G_i - G_j}{G_i + G_j}z_{ij}\bar{z}_{ij}\right)\right]\mathrm{Re}\left.\left(\frac{\zeta_{ik}}{\zeta_{ik} - z_{ij}}\right)'\right\}ds_{ik} + \\
& + G_j\sum_{k(j)}\oint_{C_{jk}}\left\{[\varphi(s_{jk}) - \varphi(t_{ij})]\,\mathrm{Im}\left(\frac{\zeta_{jk}}{\zeta_{jk} - z_{ij}}\right)' + \frac{1}{2}\frac{G_i - G_j}{G_i + G_j}(z_{ij}\bar{z}_{ij})'\,\mathrm{Re}\left(\frac{\zeta'_{jk}}{\zeta_{jk} - z_{ij}}\right) + \right. \\
& \left.\left. + \left[\frac{2G_k}{G_j + G_k}\chi(s_{jk}) - \frac{2G_i}{G_i + G_j}\chi(t_{ij}) + \frac{1}{2}\left(\frac{G_j - G_k}{G_j + G_k}\zeta_{jk}\bar{\zeta}_{jk} + \frac{G_i - G_j}{G_i + G_j}z_{ij}\bar{z}_{ij}\right)\right]\mathrm{Re}\left(\frac{\zeta_{jk}}{\zeta_{jk} - z_{ij}}\right)'\right\}ds_{jk}\right\rangle,
\end{aligned} \tag{35}$$

$$\chi'(t_{ij}) = -\frac{1}{\dfrac{2G_j}{G_i+G_j}\sum\limits_{k(i)}\oint\limits_{C_{ik}}\operatorname{Im}\left(\dfrac{\zeta_{ik}}{\zeta_{ik}-z_{ij}}\right)\mathrm{d}s_{ik}+\dfrac{2G_i}{G_i+G_j}\sum\limits_{k(j)}\oint\limits_{C_{jk}}\operatorname{Im}\left(\dfrac{\zeta_{jk}}{\zeta_{jk}-z_{ij}}\right)\mathrm{d}s_{jk}} \times$$

$$\times\left\langle\sum_{k(i)}\oint\limits_{C_{ik}}\left\{[\varphi(s_{ik})-\varphi(t_{ij})]\operatorname{Re}\left(\frac{\zeta_{ik}}{\zeta_{ik}-z_{ij}}\right)'+\frac{1}{2}\frac{G_i-G_j}{G_i+G_j}(z_{ij}\bar{z}_{ij})'\operatorname{Im}\left(\frac{\zeta_{ik}}{\zeta_{ik}-z_{ij}}\right)-\right.\right.$$

$$\left.-\left[\frac{2G_k}{G_i+G_k}\chi(s_{ik})-\frac{2G_j}{G_i+G_j}\chi(t_{ij})+\frac{1}{2}\left(\frac{G_i-G_k}{G_i+G_k}\zeta_{ik}\bar{\zeta}_{ik}-\frac{G_i-G_j}{G_i+G_j}z_{ij}\bar{z}_{ij}\right)\right]\operatorname{Im}\left(\frac{\zeta_{ik}}{\zeta_{ik}-z_{ij}}\right)'\right\}\mathrm{d}s_{ik}+$$

$$+\sum_{k(j)}\oint\limits_{C_{jk}}\left\{[\varphi(s_{jk})-\varphi(t_{ij})]\operatorname{Re}\left(\frac{\zeta_{jk}}{\zeta_{jk}-z_{ij}}\right)'-\frac{1}{2}\frac{G_i-G_j}{G_i+G_j}(z_{ij}\bar{z}_{ij})'\operatorname{Im}\left(\frac{\zeta_{jk}}{\zeta_{jk}-z_{ij}}\right)-\right.$$

$$\left.\left.-\left[\frac{2G_k}{G_j+G_k}\chi(s_{jk})-\frac{2G_i}{G_i+G_j}\chi(t_{ij})+\frac{1}{2}\left(\frac{G_j-G_k}{G_j+G_k}\zeta_{jk}\bar{\zeta}_{jk}+\frac{G_i-G_j}{G_i+G_j}z_{ij}\bar{z}_{ij}\right)\right]\operatorname{Im}\left(\frac{\zeta_{jk}}{\zeta_{jk}-z_{ij}}\right)'\right\}\mathrm{d}s_{jk}\right\rangle. \tag{36}$$

Die numerische Auswertung der Integrale in (35) und (36) geschieht mit Hilfe der GAUSSschen Quadraturformel (23). Danach bekommen wir aus den Integralausdrücken die Summenformeln

$$\varphi'_\nu = \frac{1}{g_\nu}\left[\sum_{\mu=1}^{n_0} a'_{\nu\mu}\varphi_\mu + \sum_{\mu=n_1+1}^{n_0} b'_{\nu\mu}\chi_\mu + c'_\nu\right], \qquad \nu = 1, 2, \ldots, n_0 \tag{37}$$

$$\chi'_\nu = -\frac{1}{h_\nu}\left[\sum_{\mu=1}^{n_0} \mathrm{d}'_{\nu\mu}\varphi_\mu + \sum_{\mu=n_1+1}^{n_0} e'_{\nu\mu}\chi_\mu + f'_\nu\right], \qquad \nu = n_1+1, \ldots, n_0 \tag{38}$$

Die Koeffizienten haben dabei die Form

$$a'_{\nu\mu} = B_\mu(1-\delta_{\nu\mu})\,[(\delta_{i_\nu i_\mu}-\delta_{i_\nu j_\mu})\,G_{i_\nu}+(\delta_{j_\nu i_\mu}-\delta_{j_\nu j_\mu})\,G_{j_\nu}]\operatorname{Im}\left(\frac{\dot{z}_\mu}{z_\mu-z_\nu}\right)'-$$

$$-\delta_{\nu\mu}\left\{\sum_{\varrho=1}^{n_0}{}' B_\varrho\,[(\delta_{i_\nu i_\varrho}-\delta_{i_\nu j_\varrho})\,G_{i_\nu}+(\delta_{j_\nu i_\varrho}-\delta_{j_\nu j_\varrho})\,G_{j_\nu}]\operatorname{Im}\left(\frac{\dot{z}_\varrho}{z_\varrho-z_\nu}\right)'+\bar{a}'_{\nu\mu}\right\},$$

$$b'_{\nu\mu} = 2\left\{B_\mu(1-\delta_{\nu\mu})\left[\left(\delta_{i_\nu i_\mu}\frac{G_{j_\mu}}{G_{i_\nu}+G_{j_\mu}}-\delta_{i_\nu j_\mu}\frac{G_{i_\mu}}{G_{i_\nu}+G_{i_\mu}}\right)G_{i_\nu}+\right.\right.$$

$$\left.+\left(\delta_{j_\nu i_\mu}\frac{G_{j_\mu}}{G_{j_\nu}+G_{j_\mu}}-\delta_{j_\nu j_\mu}\frac{G_{i_\mu}}{G_{j_\nu}+G_{i_\mu}}\right)G_{j_\nu}\right]\operatorname{Re}\left(\frac{\dot{z}_\mu}{z_\mu-z_\nu}\right)'-$$

$$\left.-\delta_{\nu\mu}\left\langle\frac{G_{i_\nu}G_{j_\nu}}{G_{i_\nu}+G_{j_\nu}}\sum_{\varrho=1}^{n_0}{}' B_\varrho\,[(\delta_{i_\nu i_\varrho}-\delta_{i_\nu j_\varrho})+(\delta_{j_\nu i_\varrho}-\delta_{j_\nu j_\varrho})]\operatorname{Re}\left(\frac{\dot{z}_\varrho}{z_\varrho-z_\nu}\right)'+\bar{b}'_{\nu\mu}\right\rangle\right\},$$

$$c'_\nu = \sum_{\varrho=1}^{n_0} c'_{\nu\varrho} \tag{39}$$

$$= \frac{1}{2}\sum_{\varrho=1}^{n_0}{}' B_\varrho\left\langle\left\{\left[\delta_{i_\nu i_\varrho}\left(\frac{G_{i_\nu}-G_{j_\varrho}}{G_{i_\nu}+G_{j_\varrho}}z_\varrho\bar{z}_\varrho-\frac{G_{i_\nu}-G_{j_\nu}}{G_{i_\nu}+G_{j_\nu}}z_\nu\bar{z}_\nu\right)-\delta_{i_\nu j_\varrho}\left(\frac{G_{i_\nu}-G_{i_\varrho}}{G_{i_\nu}+G_{i_\varrho}}z_\varrho\bar{z}_\varrho-\frac{G_{i_\nu}-G_{j_\nu}}{G_{i_\nu}+G_{j_\nu}}z_\nu\bar{z}_\nu\right)\right]G_{i_\nu}+\right.\right.$$

$$\left.+\left[\delta_{j_\nu i_\varrho}\left(\frac{G_{j_\nu}-G_{j_\varrho}}{G_{j_\nu}-G_{j_\varrho}}z_\varrho\bar{z}_\varrho-\frac{G_{j_\nu}-G_{i_\nu}}{G_{i_\nu}+G_{j_\nu}}z_\nu\bar{z}_\nu\right)-\delta_{j_\nu j_\varrho}\left(\frac{G_{j_\nu}-G_{i_\varrho}}{G_{j_\nu}+G_{i_\varrho}}z_\varrho\bar{z}_\varrho-\frac{G_{j_\nu}-G_{i_\nu}}{G_{i_\nu}+G_{j_\nu}}z_\nu\bar{z}_\nu\right)\right]G_{j_\nu}\right\}\times$$

$$\left.\times\operatorname{Re}\left(\frac{\dot{z}_\varrho}{z_\varrho-z_\nu}\right)'-[(\delta_{i_\nu i_\varrho}-\delta_{i_\nu j_\varrho})\,G_{i_\nu}-(\delta_{j_\nu i_\varrho}-\delta_{j_\nu j_\varrho})\,G_{j_\nu}]\frac{G_{i_\nu}-G_{j_\nu}}{G_{i_\nu}+G_{j_\nu}}(z_\nu\bar{z}_\nu)'\operatorname{Re}\left(\frac{\dot{z}_\varrho}{z_\varrho-z_\nu}\right)\right\rangle+c'_{\nu\nu},$$

$$g_\nu = \sum_{\varrho=1}^{n_0} g_{\nu\varrho}$$

$$= \sum_{\varrho=1}^{n_0}{}' B_\varrho\,[(\delta_{i_\nu i_\varrho}-\delta_{i_\nu j_\varrho})\,G_{i_\nu}+(\delta_{j_\nu i_\varrho}-\delta_{j_\nu j_\varrho})\,G_{j_\nu}]\operatorname{Im}\left(\frac{\dot{z}_\varrho}{z_\varrho-z_\nu}\right)+g_{\nu\nu},$$

$$d'_{\nu\mu} = B_\mu (1 - \delta_{\nu\mu}) [(\delta_{i_\nu i_\mu} - \delta_{i_\nu j_\mu}) + (\delta_{j_\nu i_\mu} - \delta_{j_\nu j_\mu})] \operatorname{Re}\left(\frac{z'_\mu}{z_\mu - z_\nu}\right)' -$$

$$- \delta_{\nu\mu} \left\{ \sum_{\varrho=1}^{n_0}{}' B_\varrho [(\delta_{i_\nu i_\varrho} - \delta_{i_\nu j_\varrho}) + (\delta_{j_\nu i_\varrho} - \delta_{j_\nu j_\varrho})] \operatorname{Re}\left(\frac{z'_\varrho}{z_\varrho - z_\nu}\right)' + \bar{d}'_{\nu\mu} \right\},$$

$$e'_{\nu\mu} = -2\left\{B_\mu(1-\delta_{\nu\mu})\left[\left(\delta_{i_\nu i_\mu}\frac{G_{j\mu}}{G_{i_\nu}+G_{j_\mu}} - \delta_{i_\nu j_\mu}\frac{G_{i_\mu}}{G_{i_\nu}+G_{i_\mu}}\right)+\left(\delta_{j_\nu i_\mu}\frac{G_{j_\mu}}{G_{j_\nu}+G_{j_\mu}} - \delta_{j_\nu j_\mu}\frac{G_{i_\mu}}{G_{j_\nu}+G_{i_\mu}}\right)\right]\operatorname{Im}\left(\frac{z'_\mu}{z_\mu - z_\nu}\right)' -\right.$$

$$\left. - \delta_{\nu\mu}\left\langle \sum_{\varrho=1}^{n_0}{}' B_\varrho \left[(\delta_{i_\nu i_\varrho} - \delta_{i_\nu j_\varrho})\frac{G_{j_\nu}}{G_{i_\nu}+G_{j_\nu}} + (\delta_{j_\nu i_\varrho} - \delta_{j_\nu j_\varrho})\frac{G_{i_\nu}}{G_{i_\nu}+G_{j_\nu}}\right]\operatorname{Im}\left(\frac{z'_\varrho}{z_\varrho - z_\nu}\right)' + \bar{e}'_{\nu\mu}\right\rangle\right\},$$

$$f'_\nu = \sum_{\varrho=1}^{n_0} f'_{\nu\varrho} \tag{40}$$

$$= -\frac{1}{2}\sum_{\varrho=0}^{n_0}{}' B_\varrho \left\langle\left\{\left[\delta_{i_\nu i_\varrho}\left(\frac{G_{i_\nu} - G_{j_\varrho}}{G_{i_\nu} + G_{j_\varrho}} z_\varrho\bar{z}_\varrho - \frac{G_{i_\nu} - G_{j_\nu}}{G_{i_\nu} + G_{j_\nu}} z_\nu\bar{z}_\nu\right) - \delta_{i_\nu j_\varrho}\left(\frac{G_{i_\nu} - G_{i_\varrho}}{G_{i_\nu} + G_{i_\varrho}} z_\varrho\bar{z}_\varrho - \frac{G_{i_\nu} - G_{j_\nu}}{G_{i_\nu} + G_{j_\nu}} z_\nu\bar{z}_\nu\right)\right] + \right.\right.$$

$$+ \left[\delta_{j_\nu i_\varrho}\left(\frac{G_{j_\nu} - G_{i_\varrho}}{G_{j_\nu} + G_{j_\varrho}} z_\varrho\bar{z}_\varrho - \frac{G_{j_\nu} - G_{i_\nu}}{G_{i_\nu} + G_{j_\nu}} z_\nu\bar{z}_\nu\right) - \delta_{j_\nu j_\varrho}\left(\frac{G_{j_\nu} - G_{i_\varrho}}{G_{j_\nu} + G_{i_\varrho}} z_\varrho\bar{z}_\varrho - \frac{G_{j_\nu} - G_{i_\nu}}{G_{i_\nu} + G_{j_\nu}} z_\nu\bar{z}_\nu\right)\right]\right\} \operatorname{Im}\left(\frac{z_\varrho}{z_\varrho - z_\nu}\right)'$$

$$\left. - [(\delta_{i_\nu i_\varrho} - \delta_{i_\nu j_\varrho}) - (\delta_{j_\nu i_\varrho} - \delta_{j_\nu j_\varrho})]\frac{G_{i_\nu} - G_{j_\nu}}{G_{i_\nu} + G_{j_\nu}}(z_\nu\bar{z}_\nu)' \operatorname{Im}\left(\frac{z'_\varrho}{z_\varrho - z_\nu}\right)\right\rangle + f'_{\nu\nu},$$

$$h_\nu = \sum_{\varrho=1}^{n_0} h_{\nu\varrho}$$

$$= \frac{2}{G_{i_\nu} + G_{j_\nu}} \sum_{\varrho=1}^{n_0}{}' B_\varrho [(\delta_{i_\nu i_\varrho} - \delta_{i_\nu j_\varrho}) G_{j_\nu} + (\delta_{j_\nu i_\varrho} - \delta_{j_\nu j_\varrho}) G_{i_\nu}] \operatorname{Im}\left(\frac{z'_\varrho}{z_\varrho - z_\nu}\right) + h_{\nu\nu}.$$

Fur $\mu = \nu$ bzw. $\varrho = \nu$ erhält man mit Gl. (27) und den Grenzwerten [4]

$$\lim_{s_{ij}\to t_{ij}} \operatorname{Im}\left(\frac{\zeta'_{ij}}{\zeta_{ij} - z_{ij}}\right) = \frac{1}{2}\operatorname{Im}\frac{z''_{ij}}{z'_{ij}},$$

$$\lim_{s_{ij}\to t_{ij}} \operatorname{Re}\left[(\zeta_{ij}\bar{\zeta}_{ij} - z_{ij}\bar{z}_{ij})\left(\frac{\zeta_{ij}}{\bar{\zeta}_{ij} - z_{ij}}\right)' - (z'_{ij}\bar{z}_{ij} + z_{ij}\bar{z}'_{ij})\left(\frac{\zeta'_{ij}}{\zeta_{ij} - z_{ij}}\right)\right] \tag{41}$$

$$= \operatorname{Re}\left[z'_{ij}\bar{z}'_{ij} + \frac{z_{ij}}{2z'_{ij}}(z'_{ij}\bar{z}''_{ij} - z''_{ij}\bar{z}'_{ij})\right]$$

die Koeffizienten

$$\bar{a}'_{\nu\nu} = \bar{b}'_{\nu\nu} = \bar{d}'_{\nu\nu} = \bar{e}'_{\nu\nu} = 0\,,$$

$$c'_{\nu\nu} = \frac{1}{2}B_\nu(G_{i_\nu} - G_{j_\nu}) \operatorname{Re}\left[z'_\nu\bar{z}'_\nu + \frac{z_\nu}{2z'_\nu}(z'_\nu\bar{z}''_\nu - z''_\nu\bar{z}'_\nu)\right],$$

$$f'_{\nu\nu} = \frac{1}{2}B_\nu\frac{G_{i_\nu} - G_{j_\nu}}{G_{i_\nu} + G_{j_\nu}}(z_\nu\bar{z}_\nu)' \operatorname{Im}\left(\frac{z''_\nu}{z'_\nu}\right), \tag{42}$$

$$g_{\nu\nu} = \frac{1}{2}B_\nu(G_{i_\nu} - G_{j_\nu}) \operatorname{Im}\left(\frac{z''_\nu}{z'_\nu}\right),$$

$$h_{\nu\nu} = -B_\nu\frac{G_{i_\nu} - G_{j_\nu}}{G_{i_\nu} + G_{j_\nu}} \operatorname{Im}\left(\frac{z''_\nu}{z'_\nu}\right).$$

Zur Berechnung der Schubspannungskomponenten fur Punkte ım Querschnittsinnern eines Teilgebietes nach Gl. (2) benötigen wir für diese Punkte noch die partiellen Ableitungen der Wölbfunktion. Man kann diese auf verschiedenem Wege bestımmen. Als der beste erweist sıch der über dıe Differentiation des Gleichungssystems (30).

Differenzieren wir nun (30) partiell nach x, setzen dabei zur Vereinfachung

$$\frac{\partial}{\partial x}(\,) = (\,)_{,x}\,, \qquad \frac{\partial}{\partial y}(\,) = (\,)_{,y}$$

und berucksıchtigen, daß

$$\varphi_{,y} = -\psi_{,x}$$

ist, so folgt für die Ableitungen $\varphi_{i,x}$ und $\varphi_{i,y}$ aus (30) das Gleichungssystem

$$\varphi_{i,x}(x,y)\oint_{C_i}\mathrm{Re}\left(\frac{\zeta_{ij}}{\zeta_{ij}-z}\right)\mathrm{d}s_{ij}+\varphi_{i,y}(x,y)\oint_{C_i}\mathrm{Im}\left(\frac{\zeta_{ij}}{\zeta_{ij}-z}\right)\mathrm{d}s_{ij}-$$

$$-\oint_{C_i}\left\{[\varphi(s_{ij})-\varphi_i(x,y)]\,\mathrm{Re}\left(\frac{\zeta_{ij}}{\zeta_{ij}-z}\right)_{,x}-\left[\frac{2G_j}{G_i+G_j}\chi(s_{ij})+\frac{1}{2}\frac{G_i-G_j}{G_i+G_j}\zeta_{ij}\bar{\zeta}_{ij}-\psi_i(x,y)\right]\mathrm{Im}\left(\frac{\zeta_{ij}}{\zeta_{ij}-z}\right)_{,x}\right\}\mathrm{d}s_{ij}=0\,,$$

$$\varphi_{i,x}(x,y)\oint_{C_i}\mathrm{Im}\left(\frac{\zeta_{ij}}{\zeta_{ij}-z}\right)\mathrm{d}s_{ij}-\varphi_{i,y}(x,y)\oint_{C_i}\mathrm{Re}\left(\frac{\zeta_{ij}}{\zeta_{ij}-z}\right)\mathrm{d}s_{ij}- \tag{43}$$

$$-\oint_{C_i}\left\{[\varphi(s_{ij})-\varphi_i(x,y)]\,\mathrm{Im}\left(\frac{\zeta_{ij}}{\zeta_{ij}-z}\right)_{,x}+\left[\frac{2G_j}{G_i+G_j}\chi(s_{ij})+\frac{1}{2}\frac{G_i-G_j}{G_i+G_j}\zeta_{ij}\bar{\zeta}_{ij}-\psi_i(x,y)\right]\mathrm{Re}\left(\frac{\zeta_{ij}}{\zeta_{ij}-z}\right)_{,x}\right\}\mathrm{d}s_{ij}=0\,.$$

6. Torsionssteifigkeit

Für das vom Querschnitt des zusammengesetzten Stabes übertragene Torsionsmoment gilt

$$M_T=\sum_i\int_{A_i}(x\tau_{yz}-y\tau_{xz})\,\mathrm{d}A\,. \tag{44}$$

Wenn wir τ_{xz} und τ_{yz} durch die Werte (4) ersetzen, erhalten wir

$$M_T=-\vartheta\sum_i G_i\int_{A_i}\left(x\frac{\partial\Psi}{\partial x}+y\frac{\partial\Psi}{\partial y}\right)\mathrm{d}A\,. \tag{45}$$

Dabei stellt

$$GI_T=-\sum_i G_i\int_{A_i}\left(x\frac{\partial\Psi}{\partial x}+y\frac{\partial\Psi}{\partial y}\right)\mathrm{d}A \tag{46}$$

die Torsionssteifigkeit des zusammengesetzten Stabes dar. Das hier auftretende Flächenintegral ist in [1] mittels eines GREENschen Satzes in ein Randintegral umgeformt worden. Da sich diese Integralformel

$$\int_A\left(x\frac{\partial\Psi}{\partial x}+y\frac{\partial\Psi}{\partial y}\right)\mathrm{d}A=-\oint_C\left[\frac{1}{4}(x^2+y^2)(xy'-x'y)-(xx'+yy')\,\varphi(s)\right]\mathrm{d}s \tag{47}$$

für die numerische Rechnung als sehr vorteilhaft erweist, wenden wir sie auch hier an.

Es folgt damit für die Torsionssteifigkeit

$$GI_T=\sum_{i=1}^{m}G_i\oint_{C_i}\left[\frac{1}{4}(x^2+y^2)(xy'-x'y)-(xx'+yy')\,\varphi(s_i)\right]\mathrm{d}s_i\,, \tag{48}$$

wobei m die Anzahl der Teilgebiete ist und C_i den gesamten Rand des Teilgebietes A_i bezeichnet. Bei der Integration von (48) werden die Trennlinien C_{ij} zweier Teilflächen A_i, A_j zweimal durchlaufen, da sie zum Rand zweier benachbarter Teilflächen gehören.

Die Gl. (48) kann auch wie folgt geschrieben werden

$$GI=\sum_{i,j}(G_i-G_j)\oint_{C_{ij}}\left[\frac{1}{4}(x^2+y^2)(xy'-x'y)-(xx'+yy')\,\varphi(s_{ij})\right]\mathrm{d}s_{ij}\,, \tag{49}$$

wobei die Integration über jede der Trennlinien C_{ij} jetzt nur noch einmal auszuführen ist. Zur numerischen Auswertung des Integrals in (49) wenden wir die GAUSSsche Quadraturformel (23) an, so daß wir für die Torsionssteifigkeit schließlich die Näherungsformel

$$GI_T=\sum_{\mu=1}^{n_0}B_\mu(G_{i_\mu}-G_{j_\mu})\left[\frac{1}{4}(x_\mu^2+y_\mu^2)(x_\mu y'_\mu-x'_\mu y_\mu)-(x_\mu x'_\mu+y_\mu y'_\mu)\,\varphi_\mu\right] \tag{50}$$

erhalten.

7. Beispiele

Die soeben dargelegte numerische Lösungsmethode wurde für die EDV-Anlage National Elliott 503 in ALGOL programmiert. Mit diesem Rechenprogramm können Stäbe berechnet werden, deren Teilquerschnitte durch Geraden- und Kreisbogenstücke begrenzt sind.

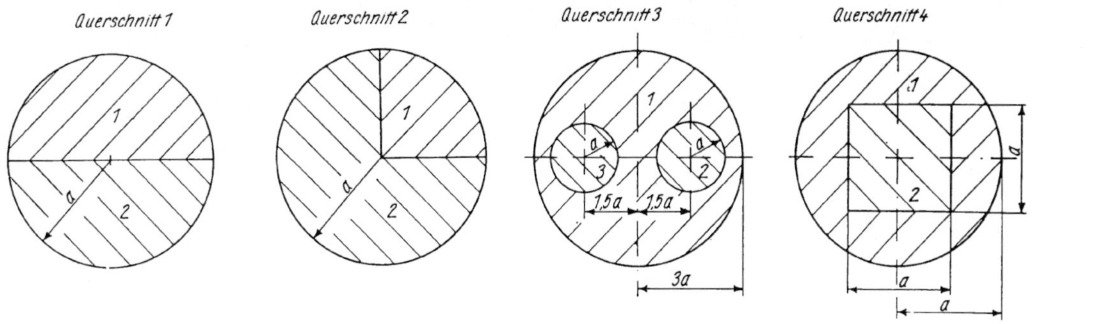

Bild 3. Berechnungsbeispiele

Nachfolgend werden die Ergebnisse für einige mit dem Rechenprogramm durchgerechneten Beispiele mitgeteilt. Die im einzelnen behandelten Querschnitte sind in Bild 3 dargestellt. Fur diese wurden die Verwölbung und die Schubspannung entlang der freien Ränder und auf den Trennlinien sowie die Torsionssteifigkeit bestimmt. Die berechneten Verläufe sind in den Bildern 4a bis 4e gezeigt. Dabei wurde der Schubmodul G_i für die Teilgebiete des Querschnittes 3 variiert. Die Unterschiede der Verläufe in beiden Fällen sind deutlich sichtbar. Aus den Bildern ist weiterhin die Lage der Stützstellen ersichtlich, ihre Anzahl n_0 ist jeweils mit angegeben.

a

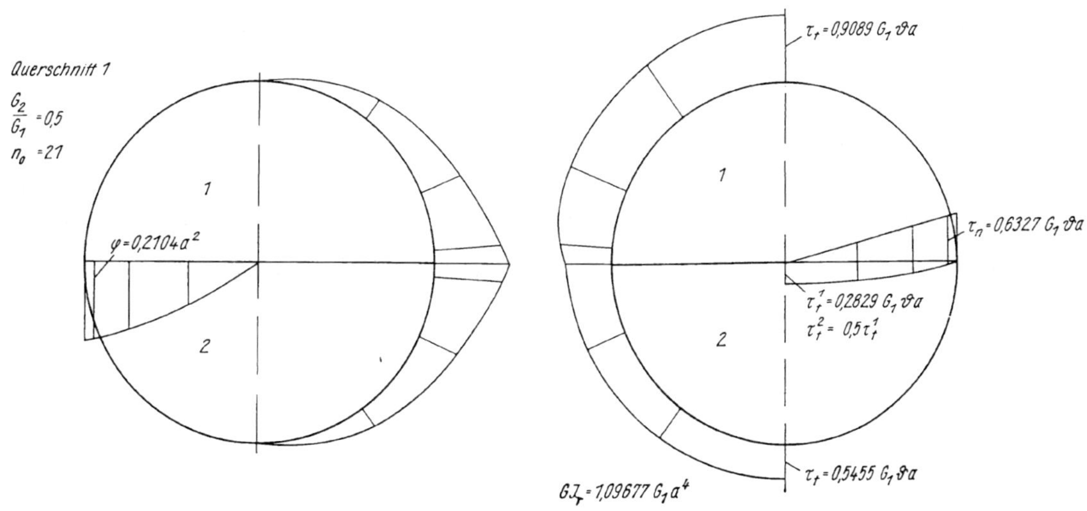

b

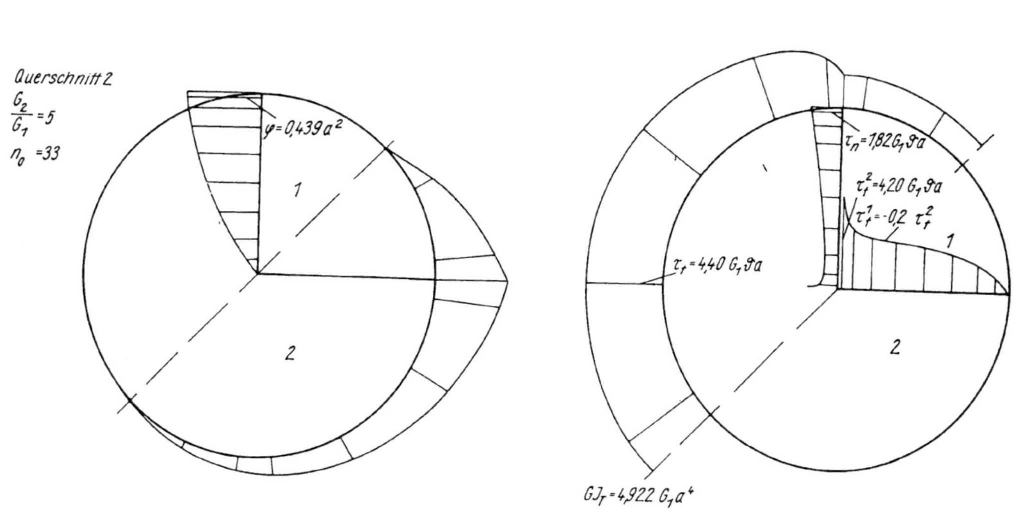

c

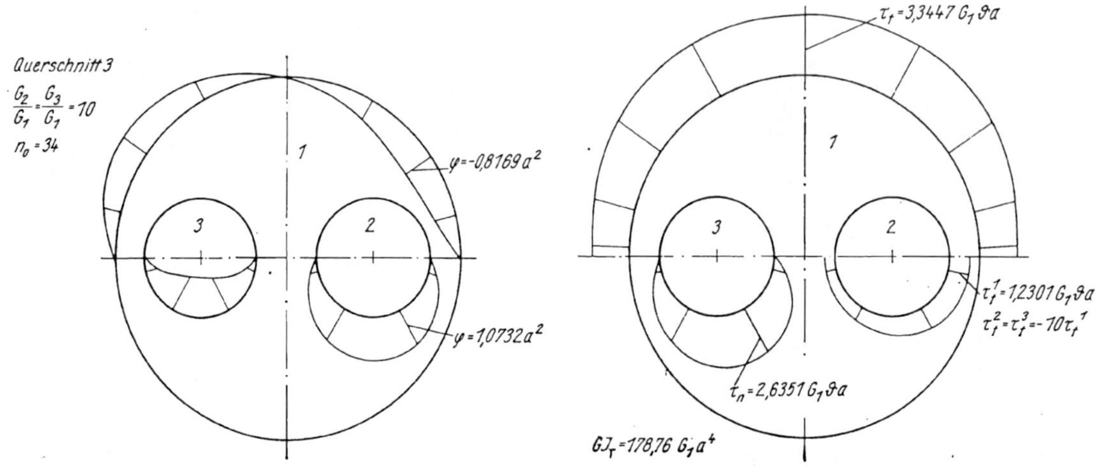

d

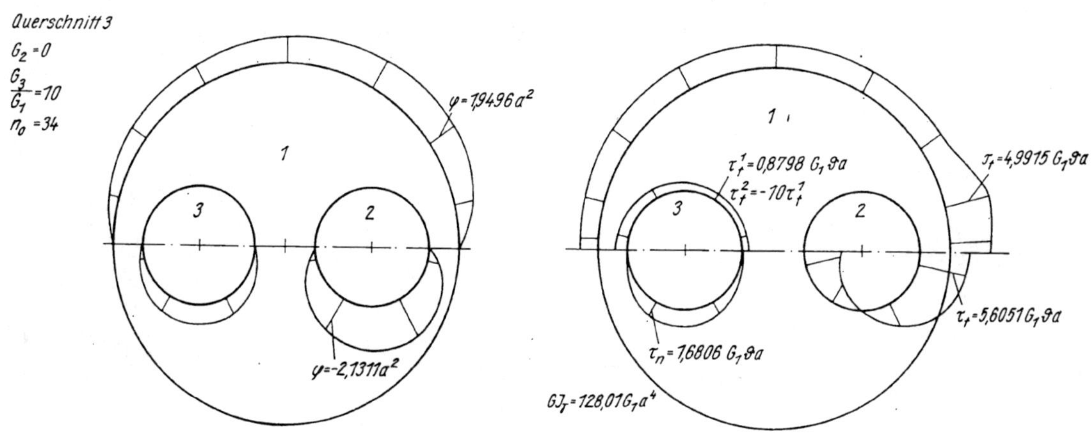

e

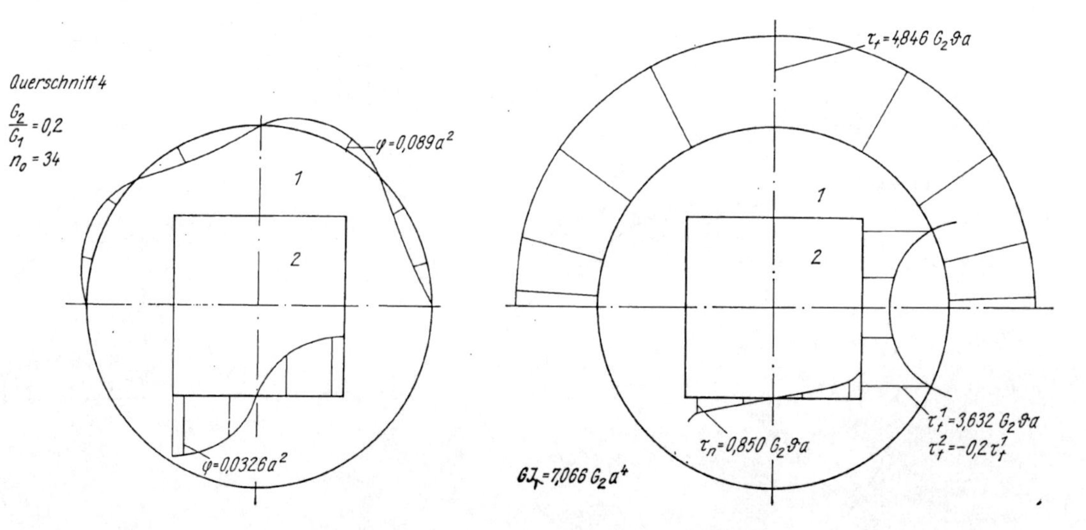

Bild 4a, b, c, d, e. Verlauf der Verwölbung und der Schubspannung für die Querschnitte nach Bild 3

Um die Genauigkeit der Methode zu veranschaulichen, stellen wir die fur den Querschnitt 1 erzielten Ergebnisse den hierfür bekannten exakten Werten gegenüber. Nach der exakten Lösung [4] für diesen Fall ist

$$\tau_t^1(x = 0, y = 0) = -\frac{8}{3\pi}\frac{G_2 - G_1}{G_1 + G_2} G_1\vartheta a ,$$

$$\tau_n(x = 0, y = 0) = 0 ,$$

$$\tau_t^1(x = a, y = 0) = 0 ,$$

$$\tau_n(x = a, y = 0) = \frac{2G_2}{G_1 + G_2} G_1\vartheta a ,$$

$$GI_T = \frac{(\pi^2 - 8)(G_1^2 + G_2^2) + 16G_1G_2}{2\pi(G_1 + G_2)} a^4 .$$

Mit dem speziellen Wert $G_2/G_1 = 0{,}5$ wird

$$\tau_t^1(x = 0, y = 0) = \frac{8}{9\pi} G_1\vartheta a = 0{,}28294\, G_1\vartheta a ,$$

$$\tau_n(x = 0, y = 0) = \frac{2}{3} G_1\vartheta a ,$$

$$GI_T = \frac{5\pi^2 - 8}{12\pi} G_1 a^4 = 1{,}09679\, G_1 a^4 .$$

Der Vergleich der Näherungswerte (Bild 4a) mit den exakten Werten zeigt, daß bereits für die relativ geringe Punktzahl von $n_0 = 21$ eine Übereinstimmung auf vier Dezimalen bei Schubspannung und Torsionssteifigkeit vorhanden ist.

Literatur

1 WINDISCH, E., Eine numerische Methode zur Lösung des Torsionsproblems, Erster Teil, Acta Mechanica **4** (1968), S. 191–199.
2 WINDISCH, E., Eine numerische Methode zur Lösung des Torsionsproblems, Zweiter Teil, Acta Mechanica **10** (1970), S. 181–191.
3 SCHMEIDLER, W., Integralgleichungen mit Anwendungen in Physik und Technik, Band 1, 2. Auflage, Akademische Verlagsgesellschaft Geest & Portig K.-G., Leipzig 1955.
4 WINDISCH, E., Beitrag zur Torsion prismatischer Stäbe und zur Laminarströmung durch zylindrische Rohre, Habilitationsschrift TU Dresden 1970.

Eingereicht am 13. 10. 1975

Anschrift: Dr.-Ing. habil. ERHARD WINDISCH, DDR-8027 Dresden, Leonhard-Frank-Straße 37, DDR

ZAMM 57, 707 – 715 (1977)

W. KRINGS

Ein Finites Elementverfahren für linear-viskoses-isotropes Stoffverhalten

Der folgende Aufsatz beschreibt die Berechnung des linearen viskosen Stoffverhaltens mit dem Weggrößenverfahren der Finiten Elementmethode (FEM). Es werden nur geometrisch lineare Probleme betrachtet. Das isotrope Stoffverhalten wird durch ein Feder-Dämpfer-Modell für den Deviatorzustand und eins für den hydrostatischen Zustand beschrieben. Die gezeigte Formulierung führt auf die Lösung einer gewöhnlichen Matrizendifferentialgleichung mit konstanten Koeffizientemmatrizen. Das Verfahren eignet sich zur Berechnung von Kriech- und Schwingungsvorgängen.

The following paper shows the displacement method for linear isotropic viscoelasticity with finite elements. The considered problems are geometric linear. A spring-dashpot-model for the deviator behaviour and one for the hydrostatic behaviour describes the stress-strain-relation. The formula leads to an ordinary matrix-differential-equation with constant coefficients. Creepand dynamic problems can be solved with this method.

В настоящей работе описывается вычисление линейного, вязкого поведения материала с помощью трансляционного метода, относяшегося к методу финитного элемента. Рассматриваются только геометрически линейные задачи. Изотропное поведение материала описывается с помощью модели пружина-цилиндр с поршнем для девиаторного состояния, а также для гидростатического состояния. Представленная формулировка приводит к решению некоторой матрицы обыкноьенных дифференциальных уравнений с постоянными коэффициентами. Метод оказывается подходящим для вычисления процессов ползучести и колебаний.

1. Einleitung

Häufig benutzte Baustoffe wie z. B. Betone und Kunststoffe zeigen viskoses Stoffverhalten. Der Verfasser hat sich in der zurückliegenden Zeit mit der rechnerischen Berücksichtigung dieses Stoffverhaltens beschäftigt [1, 2]. Dazu bot sich das Finite Elementverfahren an, weil hierfür heute in fast allen Rechenzentren Programme zu dieser Methode vorliegen.

Das Stoffverhalten wird durch lineare Feder-Dämpfer-Modelle charakterisiert (Bild 1). Mit dem hier vorgestellten Verfahren lassen sich beliebige Stoffgesetze erfassen. Außerdem können Schwingungs-, Kriech-, Relaxations- und Schwindvorgänge berechnet werden.

Die vorgestellte Methode benutzt allgemein bekannte Programmroutinen zum Aufstellen der Bewegungsgleichungen, so daß auf schon vorhandene Programmteile und Algorithmen bei der Implementierung zurückgegriffen werden kann.

Die Bewegungsgleichungen des Finiten-Element-Modells der zu berechnenden Struktur sind gewöhnliche lineare Differentialgleichungen mit konstanten Koeffizienten. Die direkten Unbekannten sind Weggrößen. Die Bewegungsgleichungen lassen sich numerisch lösen.

2. Ableitung der Finiten-Element-Beziehung (3-dimensionaler Fall)

Die drei Verschiebungen in Richtung der Koordinatenachsen x, y, z sind als Vektor $\underline{u}$ aufgelistet. Für einen Verschiebungsansatz in allen drei Richtungen lassen sich in üblicher Weise diese mit der Matrix $\underline{\varphi}_u$ der Ansatzfunktionen und dem Spaltenvektor $\underline{\hat{u}}$ von noch zu bestimmenden Parametern berechnen. Da hier zeitabhängiges Verhalten untersucht wird, hängen natürlich die Verschiebungen und andere Größen nicht nur von den Ortskoordinaten x, y, z, sondern auch noch von der Zeit t ab:

$$\underline{u}_{(x,y,z,t)} = \underline{\varphi}_{u(x,y,z)} \cdot \underline{\hat{u}}_{(t)} . \tag{1}$$

Wird (1) nacheinander für die Eckpunkte des Elements — die Knoten — angewandt, so gelangt man zu einer Matrizengleichung für den Spaltenvektor $\underline{v}$ der Knotenpunktsverschiebungen

$$\underline{v}_{(t)} = \underline{\Phi} \cdot \underline{\hat{u}}_{(t)} . \tag{2}$$

Aufgelöst nach $\underline{\hat{u}}$ und eingesetzt in (1) ergibt sich

$$\underline{u}_{(x,y,z,t)} = \underline{\varphi}_{u(x,y,z)} \; \underline{G} \cdot \underline{v}_{(t)} \qquad \text{mit} \qquad \underline{G} = \underline{\Phi}^{-1} . \tag{3), (4}$$

Gleichung (3) gibt den Zusammenhang zwischen den Knotenverschiebungen $\underline{v}$ und den Verschiebungen im Elementinnern für den gewählten Ansatz an. Aus den Verschiebungen können die Verzerrungen durch die nachfolgende bekannte Beziehung mit der Differentialoperatormatrix $\underline{D}$, die den Zusammenhang zwischen den Verschiebungen und den Verzerrungen angibt, errechnet werden.

Diese Gleichung lautet in Matrizenschreibweise

$$\underline{\tilde{\varepsilon}}_{(x,y,z,t)} = \underline{D} \cdot \underline{u}_{(x,y,z,t)} \tag{5}$$

Modell	Name	konstitutive Gleichung	Kriechfunktion $J_{(t)}$ $\varepsilon_{(t)} = J_{(t)}\,\sigma_0$
	HOOKE-Körper	$\sigma = q_0\,\varepsilon$	$\frac{1}{q_0}$
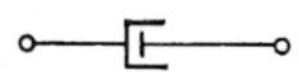	NEWTON-Flussigkeit	$\sigma = q_1\,\dot{\varepsilon}$	$\frac{t}{q_1}$
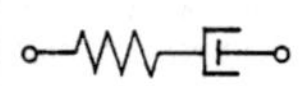	MAXWELL-Flüssigkeit	$\sigma + p_1\dot{\sigma} = q_1\dot{\varepsilon}$	$\frac{(p_1+t)}{q_1}$
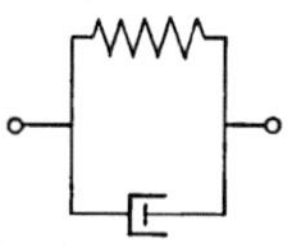	KELVIN-Körper	$\sigma = q_0\varepsilon + q_1\dot{\varepsilon}$	$\frac{1}{q_0}(1-e^{-\lambda t})$, $\lambda = \frac{q_0}{q_1}$
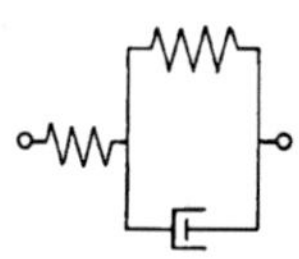	3-Parameter-Körper	$\sigma + p_1\dot{\sigma} = q_0\varepsilon + q_1\dot{\varepsilon}$; $q_1 > p_1 q_0$	$\frac{p_1}{q_1}e^{-\lambda t} + \frac{1}{q_0}(1-e^{-\lambda t})$, $\lambda = \frac{q_0}{q_1}$
$\sigma + p_1\dot{\sigma} + p_2\ddot{\sigma} + \cdots = q_0\varepsilon + q_1\dot{\varepsilon} + q_2\ddot{\varepsilon} + \cdots$ $P\sigma = Q\varepsilon$			

Abb. 1 Einige linear-viskose Stoffgesetze

mit

$$\tilde{\underline{\varepsilon}}_{(x,y,z,t)} = \begin{bmatrix} \varepsilon_{xy} \\ \varepsilon_{yz} \\ \varepsilon_{zx} \\ \varepsilon_{xx} \\ \varepsilon_{yy} \\ \varepsilon_{zz} \end{bmatrix}. \tag{6}$$

Mit Rücksicht auf das weiter unten eingeführte Werkstoffgesetz wird noch ein zweiter Spaltenvektor der Verzerrungen definiert:

$$\underline{\varepsilon}_{(x,y,z,t)} = \begin{bmatrix} \varepsilon_{xy} \\ \varepsilon_{yz} \\ \varepsilon_{zx} \\ e_{xx} \\ e_{zz} \\ e \end{bmatrix} = \begin{bmatrix} \underline{\varepsilon}_D \\ e \end{bmatrix}. \tag{7}$$

Dieser Spaltenvektor enthält die fünf unabhängigen Deviatorzustände $\underline{\varepsilon}_D$ und die Größe e (e ist ein Drittel der Volumenänderung). Zwischen den beiden Verzerrungsvektoren $\underline{\varepsilon}$ und $\underline{\tilde{\varepsilon}}$ besteht der lineare Zusammenhang

$$\underline{\varepsilon} = \frac{1}{3}\begin{bmatrix} 3 & 0 & 0 & 0 & 0 & 0 \\ 0 & 3 & 0 & 0 & 0 & 0 \\ 0 & 0 & 3 & 0 & 0 & 0 \\ 0 & 0 & 0 & 2 & -1 & -1 \\ 0 & 0 & 0 & -1 & -1 & 2 \\ 0 & 0 & 0 & 1 & 1 & 1 \end{bmatrix} \underline{\tilde{\varepsilon}} = \underline{Y}\ \underline{\tilde{\varepsilon}} \tag{8}$$

oder

$$\underline{\tilde{\varepsilon}} = \begin{vmatrix} 1 & 0 & 0 & 0 & 0 & 0 \\ 0 & 1 & 0 & 0 & 0 & 0 \\ 0 & 0 & 1 & 0 & 0 & 0 \\ 0 & 0 & 0 & 1 & 0 & 1 \\ 0 & 0 & 0 & -1 & -1 & 1 \\ 0 & 0 & 0 & 0 & 1 & 1 \end{vmatrix} \cdot \underline{\varepsilon} = \underline{Y}^{-1} \cdot \underline{\varepsilon}\,. \tag{9}$$

Mit (3), (8) und (5) können die Verzerrungen $\underline{\varepsilon}$ im Element durch die Knotenverschiebungen $\underline{v}$ ausgedrückt werden:

$$\varepsilon_{(x,y,z,t)} = \underline{Y}\ \underline{\tilde{\varepsilon}}_{(x,y,z,t)} = \underline{Y}\ \ \underline{D}\ \ \underline{\varphi}_{u(x,y,z)}\ \ \underline{G} \cdot \underline{v}_{(t)}\,. \tag{10}$$

Mit

$$\underline{H}_{u(x,y,z)} = \underline{D} \cdot \underline{\varphi}_{u(x,y,z)} \tag{11}$$

folgt dann schließlich

$$\underline{\varepsilon}_{(x,y,z,t)} = \underline{Y}\ \ \underline{H}_{u(x,y,z)}\ \ \underline{G}\ \ \underline{v}_{(t)}\,. \tag{12}$$

Auch hier sind die Verzerrungen — wie vorher schon die Verschiebungen — im Element durch die Knotenverschiebungen ausgedrückt.

Analog zu den Verzerrungsvektoren lassen sich folgende Spannungsvektoren definieren:

$$\underline{\tilde{\sigma}}_{(x,y,z,t)} = \begin{bmatrix} \sigma_{xy} \\ \sigma_{yz} \\ \sigma_{zx} \\ \sigma_{xx} \\ \sigma_{yy} \\ \sigma_{zz} \end{bmatrix} = \underline{Y}^{-1} \begin{bmatrix} \sigma_{xy} \\ \sigma_{yz} \\ \sigma_{zx} \\ s_{xx} \\ s_{yy} \\ s \end{bmatrix} = \underline{Y}^{-1} \begin{bmatrix} \underline{\sigma}_D \\ s \end{bmatrix}, \tag{13}$$

oder in Matrizenschreibweise

$$\underline{\sigma} = \underline{Y} \cdot \underline{\tilde{\sigma}}\,. \tag{14}$$

In diesem Fall (dreidimensionales Kontinuum) ist die lineare Transformation zwischen den beiden Verzerrungsvektoren $\underline{\varepsilon}$ und $\underline{\tilde{\varepsilon}}$ und den Spannungsvektoren $\underline{\sigma}$ und $\underline{\tilde{\sigma}}$ durch dieselbe reguläre Matrix $\underline{Y}$ gegeben. Die zugeordneten Größen in den Spannungs- und Verzerrungsvektoren sind in derselben Reihenfolge angeordnet!

Bei isotropem Stoffverhalten und kleinen Verzerrungen verursacht ein hydrostatischer Spannungszustand nur Volumenänderungen und keine Gestaltänderungen. Entsprechend ändern Deviatorspannungen nur die Gestalt und nicht das Volumen. Es läßt sich deshalb ein linear-viskoses Stoffgesetz für den hydrostatischen Zustand und eins für den Deviatorzustand angeben [3].

Das Stoffgesetz fur den hydrostatischen Zustand lautet

$$s + p_{H_1}\dot{s} + \ldots = q_{H_0}e + q_{H_1}\dot{e} + \ldots\,. \tag{15}$$

In Operatorschreibweise läßt sich (15) schreiben

$$\mathsf{P}_H s = \mathsf{Q}_H e \tag{16}$$

mit dem linearen Differentialoperator

$$\mathsf{P}_H = 1 + p_{H_1} \cdot \frac{\mathrm{d}\ldots}{\mathrm{d}t} + p_{H_2}\frac{\mathrm{d}^2\ldots}{\mathrm{d}t^2} + \ldots$$

und dem ebenfalls linearen Differentialoperator

$$\mathsf{Q}_H = q_{H_0} + q_{H_1} \cdot \frac{\mathrm{d}\ldots}{\mathrm{d}t} + q_{H_2} \cdot \frac{\mathrm{d}^2\ldots}{\mathrm{d}t^2} + \ldots\,.$$

Für den Deviatorszustand lautet das Stoffgesetz in ähnlicher Weise

$$\underline{\sigma}_D + p_{D_1}\dot{\underline{\sigma}}_D + \dots = q_{D_0}\underline{\varepsilon}_D + q_{D_1}\dot{\underline{\varepsilon}}_D + \dots$$

oder in Operatorschreibweise

$$\mathsf{P}_D\underline{\sigma}_D = \mathsf{Q}_D\underline{\varepsilon}_D \tag{18}$$

mit den linearen Operatoren

$$\mathsf{P}_D = 1 + p_{D_1}\cdot\frac{\mathrm{d}\dots}{\mathrm{d}t} + \dots \quad \text{und} \quad \mathsf{Q}_D = q_{D_0} + q_{D_1}\cdot\frac{\mathrm{d}\dots}{\mathrm{d}t} + \dots .$$

Die in den konstitutiven Beziehungen (16) und (18) benutzten Operatoren reduzieren sich im elastischen Fall auf die Konstanten

$$\mathsf{P}_H = \mathsf{P}_D = 1\,, \qquad \mathsf{Q}_D = 2G \quad \text{und} \quad \mathsf{Q}_H = 3K \tag{19}$$

mit dem Gleitmodul G und dem Kompressionsmodul K. Diese sind mit den geläufigen elastischen Konstanten E (Elastizitätsmodul) und ν (Querdehnungszahl) folgendermaßen verknüpft:

$$2G = \frac{E}{1+\nu} \quad \text{und} \quad 3K = \frac{E}{1-2\nu}. \tag{20}$$

Der Zusammenhang zwischen den Verzerrungen und den Spannungen — das sogenannte Stoffgesetz — läßt sich nun in folgende Matrizendarstellung kleiden:

$$\begin{vmatrix} {}^5\overset{5}{\underline{I}}\mathsf{P}_D & 0 \\ \underline{0} & \mathsf{P}_H \end{vmatrix} \cdot \begin{vmatrix} \underline{\sigma}_D \\ s \end{vmatrix} = \begin{vmatrix} {}^5\overset{5}{\underline{I}}\mathsf{Q}_D & \underline{0} \\ \underline{0} & \mathsf{Q}_H \end{vmatrix} \cdot \begin{vmatrix} \underline{\varepsilon}_D \\ e \end{vmatrix}. \tag{21}$$

Nach einer Multiplikation der oberen Matrizenzeile mit dem Operator P_H und der unteren Zeile mit P_D wird aus (21)

$$\mathsf{P}_D\mathsf{P}_H\underline{\sigma}_{(x,y,z,t)} = \underline{Q}_1\cdot\mathsf{Q}_D\mathsf{P}_H\cdot\underline{\varepsilon}_{(x,y,z,t)} + \underline{Q}_2\cdot\mathsf{Q}_H\mathsf{P}_D\cdot\underline{\varepsilon}_{(x,y,z,t)} \tag{22}$$

mit

$$\underline{Q}_1 = \mathrm{diag}\,[1\;1\;1\;1\;1\;0] \quad \text{und} \quad \underline{Q}_2 = \mathrm{diag}\,[0\;0\;0\;0\;0\;1]\,. \tag{23}$$

Mit (12) läßt sich dann auch im Element eine Beziehung (hier lineare Matrizendifferentialgleichung) zwischen den Knotenverschiebungen $\underline{v}$ und den Spannungen $\underline{\sigma}$ herleiten:

$$\mathsf{P}_D\mathsf{P}_H\underline{\sigma}_{(x,y,z,t)} = \underline{Q}_1\cdot\underline{Y}\cdot\underline{H}_{u(x,y,z)}\;\underline{G}\;\;\mathsf{Q}_D\mathsf{P}_H\underline{v}_{(t)} + \underline{Q}_2\;\;\underline{Y}\cdot\underline{H}_{u(x,y,z)}\cdot\underline{G}\cdot\mathsf{Q}_H\mathsf{P}_D\underline{v}_{(t)}\,. \tag{24}$$

Von den drei Grundgleichungen der Kontinuumsmechanik und zwar

(1) der *kinematischen Beziehung zwischen Verschiebungen und Verzerrungen,*
(2) dem *Zusammenhang zwischen den Spannungen und Verzerrungen* (*Stoffgesetz*) und
(3) der *dynamischen Verträglichkeit* (*Gleichgewicht*)

fehlt noch die letztere in den hergeleiteten Gleichungen. Anstelle dieser Gleichgewichtsbedingungen wird hier das Prinzip der virtuellen Arbeit angewandt. Die virtuellen Arbeiten können berechnet werden, indem dem Spannungszustand ein virtueller Verschiebungszustand überlagert wird. Berechnet man mit diesem Spannungszustand und dem virtuellen Verschiebungszustand die „äußere" virtuelle Arbeit der Knotenkräfte, der Volumenkräfte, der Oberflächenkräfte und der Trägheitskräfte und die „innere" virtuelle Arbeit der inneren Spannungen, so ist die Forderung, daß diese beiden virtuellen Arbeiten gleich sind, äquivalent mit dem Gleichgewicht des Elements.

Die zulässigen, virtuellen Verschiebungen müssen den kinematischen Bedingungen im Inneren und an den Grenzen des Elements genügen. Die Ansatzfunktionen erfüllen diese Forderungen und werden deshalb an dieser Stelle gewählt. Im folgenden sind virtuelle Größen durch einen Stern gekennzeichnet. Die „äußere" virtuelle Arbeit der Knotenkräfte, der Volumenkräfte, der Oberflächenkräfte und der Trägheitskräfte beträgt dann

$$\begin{aligned} W^*_{a(t)} &= \underline{v}^{*T}\cdot\underline{s}_{(t)} + \int_V \underline{u}^{*T}_{(x,y,z)}\;\;\underline{p}_{v(x,y,z,t)}\,\mathrm{d}V + \\ &+ \int_O \underline{u}^{*T}_{(x,y,z)}\;\;\underline{p}_{0(x,y,z,t)}\,\mathrm{d}O - \int_V \varrho_{(x,y,z)}\;\;\underline{u}^{*T}_{(x,y,z)}\;\;\ddot{\underline{u}}_{(x,y,z,t)}\,\mathrm{d}V\,. \end{aligned} \tag{25}$$

Im Spaltenvektor $\underline{s}$ sind die Knotenkräfte in entsprechender Reihenfolge wie die Knotenverschiebungen im Spaltenvektor $\underline{v}$ aufgelistet. $\underline{p}_v$ und $\underline{p}_0$ sind Spaltenvektoren, in denen die Volumenkräfte und die Oberflächenkräfte in x-, y- und z-Richtung angegeben sind.

Die virtuelle Arbeit der inneren Kräfte des Elementes beträgt

$$W^*_{i(t)} = \int_V \tilde{\underline{\varepsilon}}^{*T}_{(x,y,z)}\cdot\underline{X}\cdot\tilde{\underline{\sigma}}_{(x,y,z,t)}\,\mathrm{d}V \tag{26}$$

mit der Diagonalmatrix

$$\underline{X} = \mathrm{diag}\,[2\;2\;2\;\;1\;1\;1]\,. \tag{27}$$

Durch Gleichsetzen der beiden virtuellen Arbeiten folgt die Bewegungsgleichung des Elementes:

$$W^*_{a(t)} = W^*_{i(t)}\,. \tag{28}$$

Mit den Beziehungen für die

virtuellen Verschiebungen $\underline{u}^*_{(x,y,z)} = \underline{\varphi}_{u(x,y,z)} \cdot \underline{G} \cdot \underline{v}^*$, (29)

Beschleunigungen $\underline{\ddot{u}}_{(x,y,z,t)} = \underline{\varphi}_{u(x,y,z)} \cdot \underline{G} \cdot \underline{\ddot{v}}_{(t)}$, (30)

virtuellen Verzerrungen $\underline{\tilde{\varepsilon}}^*_{(x,y,z)} = \underline{H}_{u(x,y,z)} \cdot \underline{G} \cdot \underline{v}^*$, (31)

Spannungen $\underline{\tilde{\sigma}}_{u(x,y,z,t)} = \underline{Y}^{-1} \cdot \underline{\sigma}_{(x,y,z,t)}$

und mit (25) bis (28) folgt

$$\underline{v}^{*T} \cdot \Big(\underline{s}_{(t)} + \underline{G}^T \int_V \underline{\varphi}^T_{u(x,y,z)} \cdot \underline{p}_{v(x,y,z,t)}\,\mathrm{d}V + \underline{G}^T \int_0 \underline{\varphi}^T_{u(x,y,z)} \cdot \underline{p}_{0(x,y,z,t)}\,\mathrm{d}O -$$
$$- \underline{G}^T \int_V \varrho_{(x,y,z)} \cdot \underline{\varphi}^T_{u(x,y,z)} \cdot \underline{\varphi}_{u(x,y,z)}\,\mathrm{d}V \cdot \underline{G} \cdot \underline{\ddot{v}}_{(t)} - \underline{G}^T \int_V \underline{H}^T_{u(x,y,z)} \cdot \underline{X} \cdot \underline{Y}^{-1} \cdot \underline{\sigma}_{(x,y,z,t)}\,\mathrm{d}V\Big) = 0\,. \quad (32)$$

Die virtuellen Verschiebungen im Vektor $\underline{v}^{*T}$ sind beliebig, so daß die Klammer der linken Seite von (32) für sich den Wert Null haben muß. Der virtuelle Verschiebungsvektor kann also weggelassen werden. Mit den Bezeichnungen

$$\underline{s}_{v(t)} = \underline{G}^T \int_V \underline{\varphi}^T_{u(x,y,z)} \cdot \underline{p}_{v(x,y,z,t)}\,\mathrm{d}V \quad \text{(Volumenkraftvektor)},$$

$$\underline{s}_{0(t)} = \underline{G}^T \int_0 \underline{\varphi}^T_{u(x,y,z)} \cdot \underline{p}_{0(x,y,z,t)}\,\mathrm{d}V \quad \text{(Oberflächenkraftvektor)},$$

$$\underline{M} = \underline{G}^T \int_V \varrho_{(x,y,z)} \cdot \underline{\varphi}^T_{u(x,y,z)} \cdot \underline{\varphi}_{u(x,y,z)}\,\mathrm{d}V \cdot \underline{G} \quad \text{(Massenmatrix)}$$

und Anwendung des Differentialoperators $\mathsf{P}_D\mathsf{P}_H$ auf die Gleichung (32) ergibt sich

$$\mathsf{P}_D\mathsf{P}_H(\underline{s}_{(t)} + \underline{s}_{v(t)} + \underline{s}_{0(t)} - \underline{M} \cdot \underline{\ddot{v}}_{(t)}) = \underline{G}^T \int_V \underline{H}^T_{u(x,y,z)} \cdot \underline{X} \cdot \underline{Y}^{-1} \cdot \mathsf{P}_D\mathsf{P}_H\, \underline{\sigma}_{(x,y,z,t)}\,\mathrm{d}V\,. \quad (33)$$

Wird nun noch (24) eingesetzt und werden die Abkürzungen

$$\underline{E}_1 = \underline{X} \cdot \underline{Y}^{-1} \cdot \underline{Q}_1 \cdot \underline{Y} \quad \text{und} \quad \underline{E}_2 = \underline{X} \cdot \underline{Y}^{-1} \cdot \underline{Q}_2 \cdot \underline{Y} \quad (34),\ (35)$$

verwandt, so erscheint (33) zu

$$\mathsf{P}_D\mathsf{P}_H(\ldots) = \underline{K}_1 \cdot \mathsf{Q}_D\mathsf{P}_H\underline{v}_{(t)} + \underline{K}_2 \cdot \mathsf{Q}_H\mathsf{P}_D\underline{v}_{(t)} \quad (36)$$

oder

$$\underline{M}\mathsf{P}_D\mathsf{P}_H\underline{\ddot{v}}_{(t)} + \underline{K}_1\mathsf{Q}_D\mathsf{P}_H\underline{v}_{(t)} + \underline{K}_2\mathsf{Q}_H\mathsf{P}_D\underline{v}_{(t)} = \mathsf{P}_D\mathsf{P}_H(\underline{s}_{(t)} + \underline{s}_{v(t)} + \underline{s}_{0(t)}) \quad (37)$$

mit den Matrizen

$$\underline{K}_1 = \underline{G}^T \int_V \underline{H}^T_{u(x,y,z)} \cdot \underline{E}_1 \cdot \underline{H}_{u(x,y,z)}\,\mathrm{d}V \cdot \underline{G} \quad (38)$$

und

$$\underline{K}_2 = \underline{G}^T \int_V \underline{H}^T_{u(x,y,z)} \cdot \underline{E}_2 \cdot \underline{H}_{u(x,y,z)}\,\mathrm{d}V \cdot \underline{G}\,. \quad (39)$$

Die Elementbewegungsgleichung (37) ist die allgemeine Bewegungsgleichung für linear-viskoses Stoffverhalten bei kleinen Verzerrungen. Im bekannten rein elastischen Fall reduziert sich diese zu

$$\underline{M} \cdot \underline{\ddot{v}}_{(t)} + \underline{K} \cdot \underline{v}_{(t)} = \underline{s}_{(t)} + \underline{s}_{v(t)} + \underline{s}_{0(t)} \quad (40)$$

mit der Steifigkeitsmatrix

$$\underline{K} = \underline{K}_1 \cdot \mathsf{Q}_D + \underline{K}_2 \cdot \mathsf{Q}_H = \underline{K}_1 \cdot 2G + \underline{K}_2 \cdot 3K\,. \quad (41)$$

Die Elementbewegungsgleichung ist eine lineare Matrizendifferentialgleichung mit konstanten Koeffizientenmatrizen. Da die verwendeten Differentialoperatoren alle linear sind, kann (37) auch wie folgt geschrieben werden:

$$\sum_{i=0}^{m} \underline{B}_i \cdot \underline{v}^{(i)}_{(t)} = \sum_{i=0}^{n} b_i \cdot (\underline{s}_{(t)} + \underline{s}_{v(t)} + \underline{s}_{0(t)})^{(i)}\,. \quad (42)$$

3. Berücksichtigung von Schwind- und Temperaturdehnungen

Bei der Ableitung der Elementbewegungsgleichung im vorigen Abschnitt wurden Schwind- und Temperaturdehnungen nicht behandelt. Diese lassen sich aber als sogenannte Anfangsdehnungen berücksichtigen. Das sind solche Dehnungen, die dem einzelnen Element eingeprägt sind, aber keine Spannungen im freien Element verursachen. Formel (6) lautet dann entsperchend den Bezeichnungen aus [4]

$$\underline{\gamma}_{(x,y,z,t)} = \underline{\tilde{\varepsilon}}_{(x,y,z,t)} + \underline{\tilde{\eta}}_{(x,y,z,t)} = \underline{\tilde{\varepsilon}}_{(x,y,z,t)} + \begin{bmatrix}0\\0\\0\\1\\1\\1\end{bmatrix} \cdot g_{(x,y,z,t)}\,. \quad (43)$$

Die Funktion $g_{(x,y,z,t)}$ gibt die Anfangsdehnungen an. Im Falle einer konstanten Temperaturdehnung hat diese Funktion das Aussehen

$$g_{(x,y,z,t)} = \alpha \cdot T_{(t)} \tag{44}$$

mit dem Tempearturausdehnungskoeffizient α und der zeitabhängigen Temperaturdifferenz T. Durch diese Formulierung lassen sich beliebige zeit- und ortsveränderliche Schwind- und Temperatureinflüsse berücksichtigen.

Geht man sinngemäß wie in [4] vor, so lassen sich die Anfangsdehnungen auf Anfangsknotenlasten zurückführen:

$$\underline{s}_{\varepsilon(t)} = \underline{G}^T \int_V \underline{H}^T_{u(x,y,z)} \cdot \begin{vmatrix} 0 \\ 0 \\ 0 \\ 3 \\ 3 \\ 3 \end{vmatrix} \mathsf{Q}_H \mathsf{P}_D \, g_{(x,y,z,t)} \, \mathrm{d}V \,. \tag{45}$$

Dieser Term muß dann der rechten Seite von (37) zu addiert werden.

4. Aufstellen der Matrizenbewegungsgleichung für das Gesamtsystem

Im zweiten Abschnitt wurden für ein Finites Element die Elementbeziehungen hergeleitet. Für ein in Finite Elemente zerlegtes Tragwerk gelten dann für jedes dieser Elemente Bewegungsgleichungen wie z. B. (37). Diese Gleichungen erfüllen innerhalb der Elemente die Verträglichkeitsbedingungen, das Werkstoffgesetz und das sogenannte integrale Gleichgewicht für die gewählten Ansatzfunktionen.

Im Gesamttragwerk ist auch an der Grenze zwischen den Elementen das Erfülltsein dieser Bedingungen zu fordern. Hier muß also noch die Verträglichkeit oder Kompatibilität und das Gleichgewicht berücksichtigt werden. Bei der Formulierung der FE-Beziehungen wurden alle kinematischen Größen (z. B. Verschiebungen, Verzerrungen) durch die Knotenpunktverschiebungen ausgedrückt. Wenn also an den Knotenpunkten zwischen mehreren Elementen Kompatibilität herrscht, so hängt es von den Ansatzfunktionen in den einzelnen Elementen ab, ob auch an jeder Berührungsstelle zwischen den Elementen Kompatibilität in allen kinematischen Größen herrscht. Über diesen Problemkreis ist schon in vielen Arbeiten geschrieben worden. Sinngemäß gelten diese Ausführungen auch hier. Die Bewegungsgleichungen des Finiten Elementes geben einen Zusammenhang in Form einer Matrizendifferentialgleichung zwischen den Knotenverschiebungen $\underline{v}$ und den Knotenkräften $\underline{s}$ an. Aus diesen Gründen genugt es, nur an den Knoten die kinematischen und dynamischen Verträglichkeitsbedingungen zu erfüllen.

Die Bewegungsgleichung jedes Finiten Elementes kann geschrieben werden

$$\sum_{i=0}^{m} \underline{B}_i \cdot \underline{v}^{(i)}_{(t)} = \underline{r}_{(t)} \tag{46}$$

mit

$$\underline{r}_{(t)} = \mathsf{P}_D \mathsf{P}_H (\underline{s}_{(t)} + \underline{s}_{0(t)} + \underline{s}_{v(t)}) + \underline{s}_{\varepsilon(t)} \,. \tag{47}$$

In bekannter Weise faßt man die Knotenverschiebungen $\underline{v}$ und die Knotenkraftvektoren $\underline{r}$ aller l Elemente zu Spaltenhypermatrizen zusammen:

$$\underline{w}_{(t)} = \begin{vmatrix} \underline{v}_{1(t)} \\ \underline{v}_{2(t)} \\ \vdots \\ \underline{v}_{l(t)} \end{vmatrix}, \qquad \underline{p}_{(t)} = \begin{vmatrix} \underline{r}_{1(t)} \\ \underline{r}_{2(t)} \\ \vdots \\ \underline{r}_{l(t)} \end{vmatrix}. \tag{48}$$

Ebenso definiert man die Diagonalhypermatrizen

$$\underline{D}_i = [\underline{B}_{i_1}, \underline{B}_{i_2}, \dots, \underline{B}_{il}] \,, \tag{49}$$

welche in ihren Diagonalen die Elementmatrizen $\underline{B}_i$ für alle Elemente enthalten.

Die kinematische Verträglichkeitsbedingung an den Knoten wird durch die Gleichung

$$\underline{w}_{(t)} = \underline{A} \cdot \underline{x}_{(t)} \tag{50}$$

mit der rechteckigen Inzidenzmatrix $\underline{A}$ und dem Vektor der Knotenverschiebungen der Gesamtstruktur $\underline{x}_{(t)}$ angegeben. Die dynamische Verträglichkeitsbedingung der Knoten wird mit folgender Gleichung angegeben:

$$\underline{h}_{(t)} = \underline{A}^T \cdot \underline{p}_{(t)} \,, \tag{51}$$

$\underline{h}_{(t)}$ ist der Knotenkraftvektor der Gesamtstruktur. Aus (51) und mit (48), (46), (49) und (50) ergibt sich

$$\underline{h}_{(t)} = \underline{A}^T \cdot \underline{p}_{(t)} = \underline{A}^T \sum_{i=0}^{m} \underline{D}_i \underline{w}^{(i)}_{(t)} = \sum_{i=0}^{m} \underline{A}^T \underline{D}_i \underline{A} \cdot \underline{x}^{(i)}_{(t)} \tag{52}$$

oder

$$\sum_{i=0}^{m} \underline{C}_i \cdot \underline{x}^{(i)}_{(t)} = \underline{h}_{(t)} \,. \tag{53}$$

Die Bewegungsgleichung der Gesamtstruktur ist also wieder eine lineare Matrizendifferentialgeichung mit konstanten Koeffizientenmatrizen. Die einzelnen Koeffizientenmatrizen $\underline{C}_i$ der Gesamtstruktur lassen sich mit üblichen Verfahren der Finiten Elementmethode — z. B. mit der „direct stiffness method" oder mit Inzidenzmatrizen — erzeugen. Es können also schon bestehende Programmteile von Finite-Elemente-Programmen verwandt werden.

5. Lösung der Bewegungsgleichungen

In [1] ist eine Übersicht über verschiedene numerische Lösungsverfahren von (53) angegeben und deren Vor- und Nachteile sind dort kurz diskutiert. Hier wird vorgeschlagen ein numerisches Integrationsverfahren zu wählen, z. B. das RUNGE-KUTTA-Verfahren.

Bei reinen Kriechproblemen sind die Massenträgheiten ohne wesentliche Bedeutung, so daß man diese dort gleich vernachlässigt. Dann müssen unstetige Laständerungen durch rein elastische Rechnungen erfaßt werden, und danach kann wieder mit einem numerischen Integrationsverfahren weiterintergriert werden.

Auf die numerische Behandlung von unstetigen Laständerungen soll hier nicht weiter eingegangen werden, da dies an anderer Stelle [1] ausführlich geschehen ist. Außerdem sind in [1] die entsprechenden mathematischen Ableitungen und die für die Programmierung aufbereiteten Finiten Element-Beziehungen für den ebenen Spannungszustand und den ebenen Verzerrungszustand aufgeführt. Inkompressibilität kann ebenfalls berücksichtigt werden. Weil hier ein Weggrößenverfahren gewählt wurde, müssen die Spannungen in einem zweiten Schritt aus den Verschiebungen bestimmt werden. Im allgemeinen Fall ist dazu die Differentialgleichung (24) zu lösen.

6. Beispiel

Die Wandscheibe von Abb. 2 aus viskoelastischem Material wird durch eine konstante Spannung $p_{(t)}$ belastet. Der zeitliche Verlauf der Auslenkungen ist zu berechnen. Die konstitutiven Beziehungen sind gegeben für den hydrostatischen Zustand durch einen HOOKE-Körper mit $s = 3K\ e$, $K = 150000$ kp/cm², und für den Deviatorzustand durch einen 3-Parameter-Körper mit $\tau + p_1\dot{\tau} = q_0\varepsilon + q_1\dot{\varepsilon}$, $p_1 = 16{,}66$ Tage, $q_0 = 85714{,}3$ kp/cm², $q_1 = 4285714{,}3$ kp · Tag/cm².

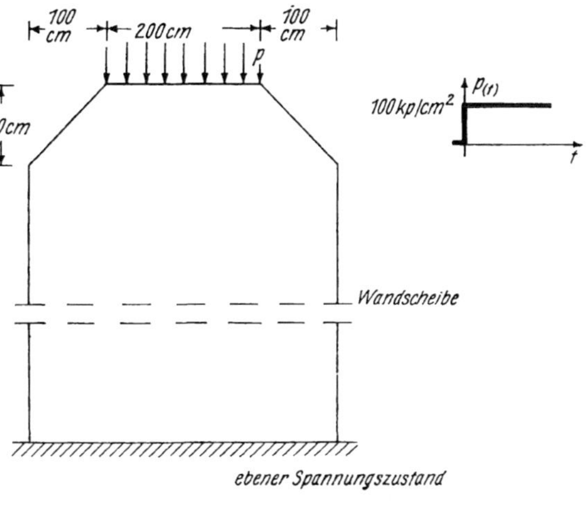

Abb. 2. Wandscheibe

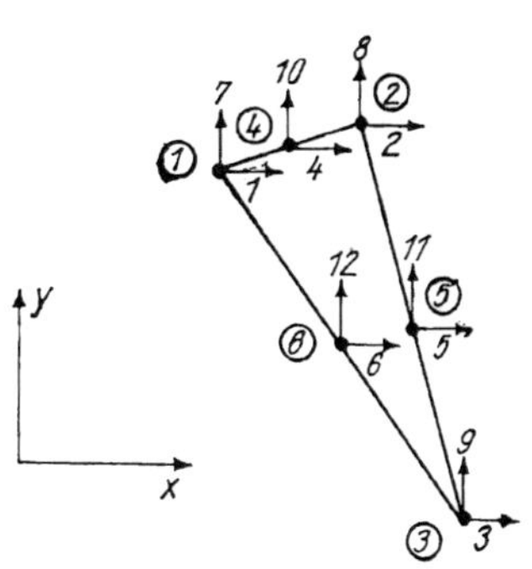

Abb. 3. LST-Element

Als Elemente sind hier Dreieckselemente mit einem vollständigen quadratischen Ansatz — das sogenannte LST (Linear Strain Triangle) — gewählt worden (Abb. 3). Aus Symmetriegründen genügt es, nur eine Hälfte der Wandscheibe zu berechnen.

Die Aufteilung in FE und die Knotenfreiheitsgrade sind in Abb. 4 eingezeichnet. Die Gesamtbewegungsgleichung des Systems nach (53) hat bei Vernachlässigung der Trägheitsterme die Gestalt

$$\underline{K}_1 \mathrm{Q1} \underline{x}_{(t)} + \underline{K}_2 \mathrm{Q2} \dot{\underline{x}}_{(t)} = \mathrm{PL}\, \underline{f}_{(t)} \tag{54}$$

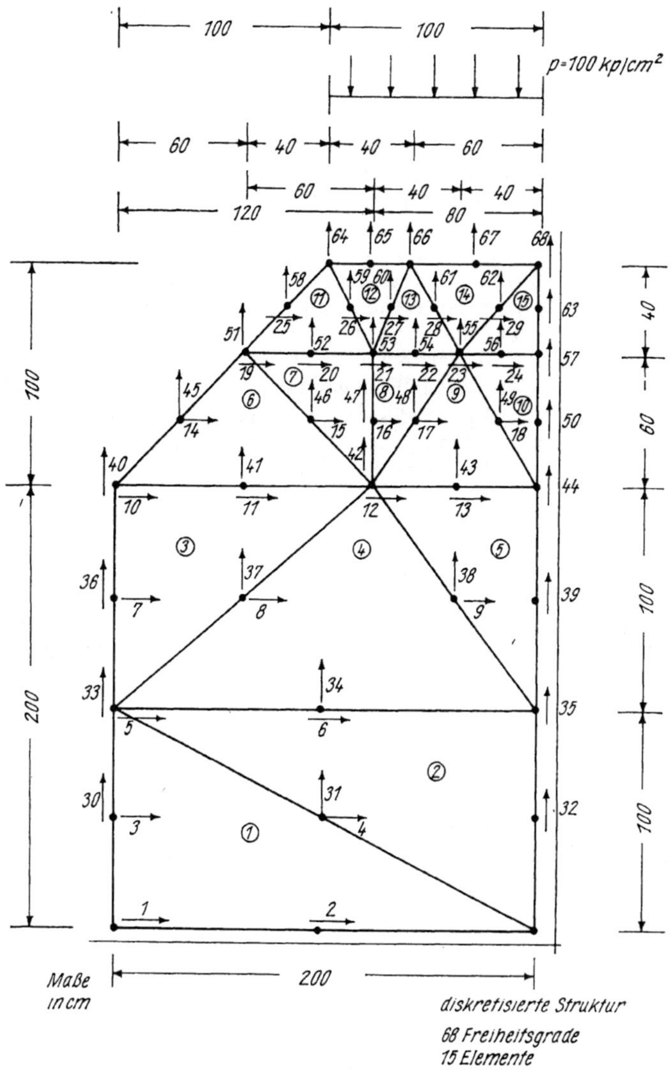

Abb. 4. Struktur für FEM-Berechnung

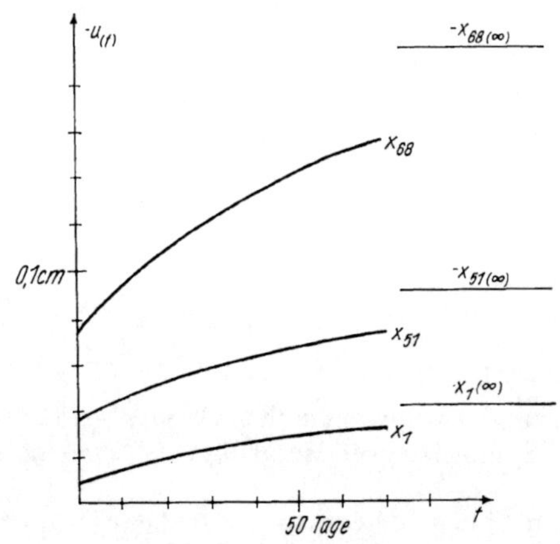

Abb. 5 Verschiebungen der Wandscheibe

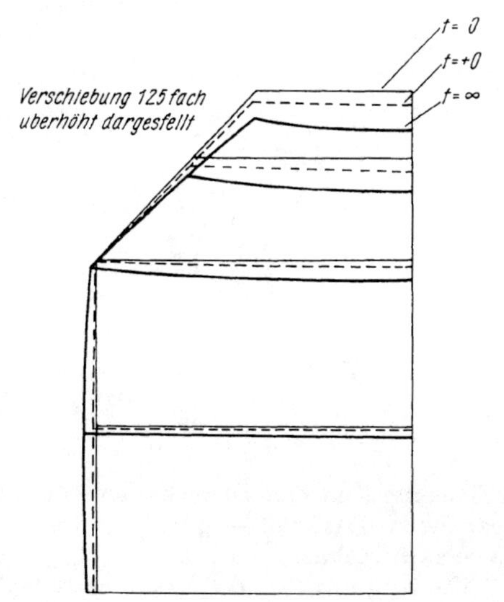

Abb. 6. Anfangs- und Endauslenkungen

mit den Operatoren

$$\mathsf{Q1} = \mathsf{Q}_D^2\mathsf{P}_H = q_0^2 + 2q_0q_1\frac{\mathrm{d}\ldots}{\mathrm{d}t} + q_1^2\frac{\mathrm{d}^2\ldots}{\mathrm{d}t^2},$$

$$\mathsf{Q2} = \mathsf{Q}_D\mathsf{Q}_H\mathsf{P}_D = 3K\left[q_0 + (q_1 + p_1q_0)\frac{\mathrm{d}\ldots}{\mathrm{d}t} + p_1q_1\frac{\mathrm{d}^2\ldots}{\mathrm{d}t^2}\right],$$

$$\mathsf{PL} = \mathsf{P}_D(\mathsf{P}_D\mathsf{Q}_H + 2\mathsf{Q}_D\mathsf{P}_H) = 3K + 2q_0 + (6Kp_1 + 2p_1q_0 + 2q_1)\cdot\frac{\mathrm{d}\ldots}{\mathrm{d}t} + p_1(3Kp_1 + 2q_1)\frac{\mathrm{d}^2\ldots}{\mathrm{d}t^2}.$$

Die Matrizendifferentialgleichung zweiter Ordnung (54) ist mit einem RUNGE-KUTTA-Verfahren für eine Schrittweite von $\Delta t = 1$ Tag integriert worden. Einige Verschiebungsverläufe sind in Abb. 5 aufgetragen. Anfangs- und Endauslenkungen wurden in Abb. 6 dargestellt.

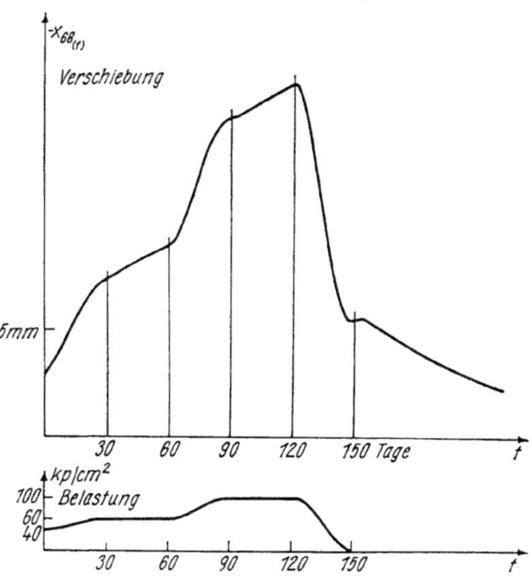

Abb. 7 Verschiebung für Be- und Entlastung

Für eine langsam ansteigende Belastung und anschließende Entlastung $p(t)$ entsprechend dem in dem unteren Teil von Abb. 7 eingetragenen Verlauf ist eine weitere Rechnung durchgeführt worden. Auch diesmal ist die Bewegungsgleichung mit dem RUNGE-KUTTA-Verfahren bei einer Schrittweite von $\Delta t = 1$ Tag integriert worden. Die vertikale Verschiebung des oberen mittleren Punktes x_{68} ist ebenfalls in Abb. 7 eingetragen.

Literatur

1 KRINGS, W., Beitrag zur Finiten Element Methode bei linearem, viskoelastischem Stoffverhalten, Dissertation Ruhr-Universität Bochum 1975, erschienen in Mitteilungen aus dem Institut für Mechanik, Heft 3.

2 KRINGS, W., Die finite Elementmethode für linear viskoelastisches Werkstoffverhalten, GAMM-Vortrag April 1975, abgedruckt in ZAMM **56** (1976).

3 FLÜGGE, W., Viscoelasticity, Blaisdell Publishing Company, Waltham (Massachusetts)/Toronto/London 1967.

4 BUCK, K. E. und D. W. SCHARPF, Einführung in die Matrizen-Verschiebungsmethode, abgedruckt in BUCK, SCHARPF, STEIN, WUNDERLICH, Finite Elemente in der Statik, Wilhelm Ernst & Sohn, Berlin/München/Düsseldorf 1973.

Eingereicht am 9. 9. 1976, revidierte Fassung am 4. 1. 1977

Anschrift: Dr.-Ing. WOLFGANG KRINGS, Institut für Mechanik, Ruhr-Universität Bochum, Universitätsstraße 150, D-463 Bochum-Querenburg, BRD

KLEINE MITTEILUNGEN

ZAMM 57, 717 (1977)

E. MIERSEMANN

Ein Beulproblem für die eingespannte Kreisplatte mit Unterstützungen

Das unten beschriebene Beulproblem für die eingespannte Kreisplatte führt auf eine Variationsungleichung mit einem Eigenwertparameter. Unter gewissen Voraussetzungen für die Unterstützungen existieren höhere Eigenwerte dieser Ungleichung.

Wir betrachten eine am Rand eingeklemmte Kreisplatte D_R: $|x| \leqq R$, $x = (x_1, x_2)$, unter einer in radialer Richtung wirkenden konstanten Druckkraft P pro Längeneinheit des Umfangs, $|x| = \sqrt{x_1^2 + x_2^2}$. Die zulässigen Auslenkungen $w(x_1, x_2)$ senkrecht zur Plattenebene seien durch den Kegel

$$K = \left\{ w/w = \frac{\partial w}{\partial n} = 0 \text{ auf dem Rand, } \begin{array}{ll} w(x) \geqq 0 & \text{für } x \in A, \\ w(x) \leqq 0 & \text{für } x \in B \end{array} \right\}$$

definiert. A und B sind Teilmengen des Kreisringes

$$R_1 \leqq |x| \leqq R\,, \qquad 0 < R_1 < R\,.$$

Dieses Beulproblem führt im Rahmen der VON KÁRMÁNschen Theorie auf eine nichtlineare Variationsungleichung mit einem Eigenwertparameter, MIERSEMANN [1]. In MIERSEMANN [2] wurde ein hinreichendes Kriterium für die Existenz höherer Verzweigungspunkte von Variationsungleichungen angegeben. Der Einfachheit halber beschränken wir uns hier auf das linearisierte Problem. Die zu untersuchende Variationsungleichung ist

$$\int_{D_R} \Delta w\, \Delta(v - w)\, dx \geqq q \int_{D_R} [w_{x_1}(v - w)_{x_1} + w_{x_2}(v - w)_{x_2}]\, dx\,, \qquad (1)$$

$$w \in K, \quad \text{für alle} \quad v \in K\,.$$

Dabei ist $q = \dfrac{12(1 - \nu^2)\, P}{E h^3}$, ν POISSONsche Zahl, E Elastizitätsmodul, h Plattendicke.

Neben (1) betrachten wir das ungestützte Problem in D_R:

$$\Delta^2 w = -q\, \Delta w\,, \qquad w = \frac{\partial w}{\partial n} = 0 \quad \text{auf dem Rand}\,. \qquad (2)$$

Die Eigenwerte von (2) sind bekanntlich

$$q_{i,\mu} = \tau_{i,\mu}^2 / R^2\,, \qquad \mu = 1, 2, \ldots\,, \qquad i = 1, 2, \ldots$$

$\tau_{i,\mu}$ sind die Nullstellen der BESSELfunktion erster Gattung und μ-ter Ordnung $J_\mu(x)$, $\mu = 1, 2, \ldots$. Die Eigenwerte für $\mu = 2, 3, \ldots$ sind doppelt und für $\mu = 1$ einfach. Zu $\mu = 1$ gehören die radialsymmetrischen Eigenfunktionen. Die Nullstellen $\tau_{i,\mu}$ sind z. B. in WATSON [3] tabelliert.

Wir ordnen die Nullstellen $\tau_{i,\mu}$ der Größe nach:

$$\tau_1 < \tau_2 < \ldots < \tau_n < \ldots\,.$$

Aus MIERSEMANN [2] erhalten wir den folgenden

Satz. *Gilt $\tau_n/\tau_{n+1} < R_1/R$, dann existiert ein Eigenwert q_n der Ungleichung* (1) *mit*

$$\tau_n^2/R^2 \leqq q_n \leqq \tau_n^2/R_1^2\,. \qquad (3)$$

Die linke Ungleichung läßt sich verschärfen, zu

$$\tau_n^2/R^2 < q_n\,, \qquad (4)$$

wenn der Eigenraum zum Eigenwert $q_n = \tau_n^2/R^2$ der Gleichung (2) nicht im Kegel K enthalten ist. Die Ungleichung (4) gilt dann stets beim ersten Eigenwert, wenn in D_R Stützen vorhanden sind und bei den höheren Eigenwerten, wenn nicht nur in den radialsymmetrischen Knotenlinien der Eigenfunktionen unterstützt wird.

Wir geben für einige n noch die Quotienten τ_n/τ_{n+1} an. Die Quotienten wurden an der dritten Stelle nach dem Komma aufgerundet.

n	τ_n	τ_n/τ_{n+1}
1	3,832	0,747
2	5,136	0,805
3	6,380	0,910
4	7,016	0,925
5	7,588	0,902
6	8,417	0,960
7	8,771	

Gilt insbesondere $R_1/R \geqq 0{,}75$, dann gibt es einen Eigenwert q_1 von (1) mit $\tau_1^2/R^2 < q_1 \leqq \tau_1^2/R_1^2$, wenn überhaupt Stützen in D_R vorhanden sind.

Bemerkung. Stellt man anstelle von (1) die entsprechende nichtlineare Aufgabe, dann gibt es unter unseren Voraussetzungen für R_1/R Verzweigungspunkte q_n der entsprechenden nichtlinearen Variationsgleichung mit (3) bzw. (4).

Literatur

1 MIERSEMANN, E., Verzweigungsprobleme für Variationsungleichungen, Math. Nachr. **65**, 187–209 (1975).

2 MIERSEMANN, E., Über höhere Verzweigungspunkte nichtlinearer Variationsungleichungen, Math. Nachr., in Vorbereitung.

3 WATSON, G. N., A Treatise on the Theory of BESSEL Functions, Cambridge 1922.

Eingereicht am 8. 11. 1976

Anschrift: Dr. ERICH MIERSEMANN, Karl-Marx-Universität, Sektion Mathematik, DDR-701 Leipzig, Karl-Marx-Platz, DDR

ZAMM 57, 717 – 720 (1977)

M. KOZAROV, R. KURKCHIEV, P. KOLEV

Creep Buckling of a Cylindrical Shell with an Elliptic Cross Section Subject to Torsion

The creep buckling of thin-walled cylindrical shells arouses justifiable emphatic interest in the last few decades. On the one hand the interest is in a correspondence with the increased needs of the practice and on the other hand the great variety of the loadings and structural forms of the cylindrical shells requires new and rational solutions in a theoretical aspect. Comparatively, many theoretical and experimental works on the creep buckling of cylindrical shells with a circular cross section are presented [5, 6, 7] but very few with noncircular cross section.

In the present paper a thin-wall isotropical cylindrical shell with middle length and an elliptic cross section subjected to uniform distributed torsional loading in the presence of creep is considered (fig. 1). A variational approach for the solution

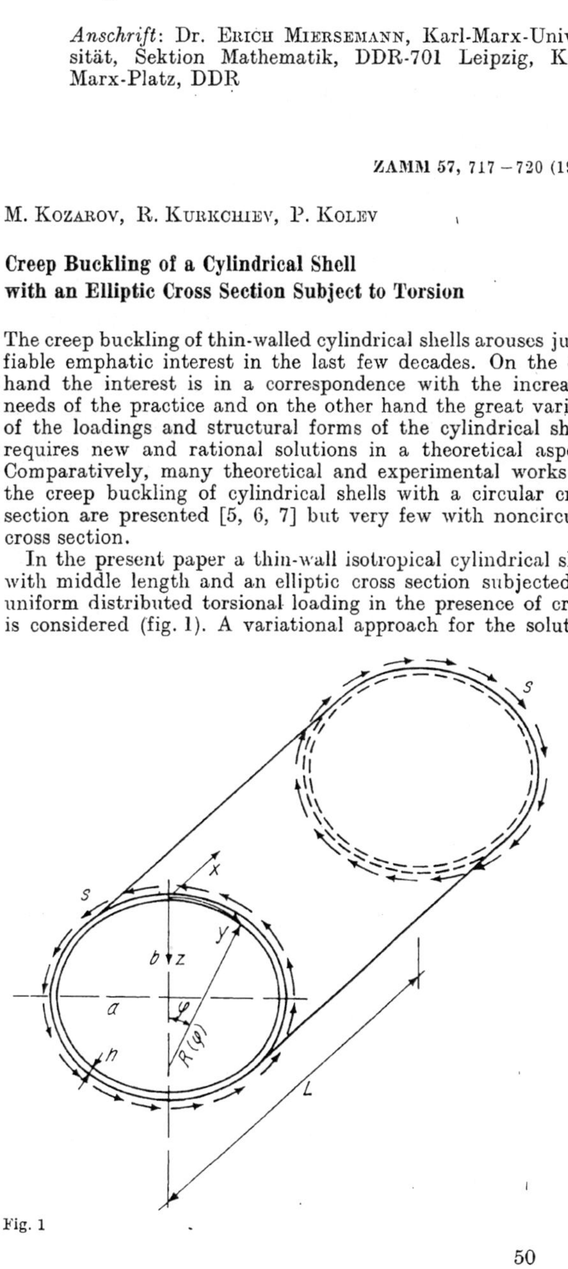

Fig. 1

of the problem with the aid of SANDERS-MCCOMB-SCHLECHTE's theorem is used [4]. It gives a possibility for more general and comparatively full treatment of the problems in the presence of creep. The investigation is carried out on the basic assumption that the initial imperfection, which can be described with definite analytical expression, in the middle surface of the shell is available. On this basis the critical time of the shell is determined by means of HOFF's criterion [2]. Many comparisons are made between the results, derived for the cylindrical shell with circular and elliptic cross section and in change of the geometrical shell parameters. The numerical realization of the theoretical results is carried out on a digital computer.

List of Symbols

I	— integral to be varied
A, m	— empirical constants in creep law
ε_{ij}	— strain tensor for an arbitrary layer of shell thickness
ε'_{ij}	— elastic-plastic portion of strain tensor
ε''_{ij}	— creep strain tensor
σ_{ij}	— stress tensor
σ_i	— stress intensity
s_{ij}	— stress-deviator tensor
F_t, F_d	— parts of surface where tractions and displacements are prescribed, respectively
u_i^*, T_i^*	— prescribed surface displacements and tractions, respectively
S	— external tangential loading
x, y, z	— coordinates
w	— displacement of the neutral surface in the z-direction
γ	— tangent of the angle of the wave comb inclination towards the cylinder generatrix
L	— length of shell
h	— thickness of shell
a, b	— big and small demiaxis of the ellipse, respectively
$\varepsilon = \sqrt{a^2 - b^2}/a$	— eccentricity of ellipse
E	— YOUNG's modulus
n	— number of the waves in the circumferential direction
μ	— POISSON's ratio
τ°	— "the torsion" of middle surface
T_z^{eq}	— equivalent loading, perpendicular of middle surface
S_{pr}	— proportional boundary of torsion

Derivation of the Basic Equations

The coordinate system is defined according to fig. 1, where L denotes the distance between the edges of the cylinder. The radius of the curvature is assumed as a function of the angle φ (angle between the direction of the small demiaxis and the direction of the radius of the curvature) and is expressed as

$$R(\varphi) = \frac{b^2}{a} \cdot \frac{1}{(1 - \varepsilon^2 \cos^2 \varphi)^{3/2}} . \tag{1}$$

The initial imperfection in the middle surface of the shell is assumed to be

$$w_{00} = c_{00} \cdot \sin \frac{\pi x}{L} \cdot \sin n \left(\varphi + \gamma \frac{x}{R}\right), \quad \frac{\pi}{L} = \varrho . \tag{2}$$

The additional displacement, as a result of the loading application (elastic stage), we expect again as

$$w_0 = c_0 \cdot \sin \frac{\pi x}{L} \cdot \sin n \left(\varphi + \gamma \frac{x}{R}\right). \tag{3}$$

The displacement, which will develop in the creep stage, we assume to be in the same form:

$$w(t) = c(t) \cdot \sin \frac{\pi x}{L} \cdot \sin n \left(\varphi + \gamma \frac{x}{R}\right). \tag{4}$$

The functions (2), (3) and (4) satisfy the geometric boundary conditions

$$w = 0 \quad \text{at} \quad x = 0 \quad \text{and} \quad x = L . \tag{5}$$

The static boundary conditions we can consider as mitigable ones. On the other hand the investigations [5] show in the elastic stage that the boundary conditions have a negligible influence on the stability of a shell with middle and long length. We can expect that the effect of boundary conditions will be essentially less in the case of creep buckling than in the elastic buckling because very large plastic deformations are possible.

In the present paper we consider only middle long shells. We define in accordance with [3]:

$$0{,}3875 \frac{E^2}{S_{pr}^2} \sqrt{\frac{h^5}{R^3}} < L < 2{,}83 R \sqrt{\frac{R}{h}} . \tag{6}$$

The forces in the basic state of the shell are

$$T_{11}^0 = 0, \quad T_{22}^0 = 0 \quad \text{and} \quad T_{12}^0 = - sh . \tag{7}$$

The stress function is defined in an analogy with (4) as

$$\Psi = \psi(t) \cdot \sin \frac{\pi x}{L} \cdot \sin n \left(\varphi + \gamma \frac{x}{R}\right). \tag{8}$$

By means of (8) the specific forces may be written in accordance with [1] in the form

$$\begin{aligned} T_{11} &= \frac{1}{2R^2} \psi n^2 [\sin n\varphi (\sin \theta x + \sin \xi x) + \\ &\quad + \cos n\varphi (\cos \theta x - \cos \xi x)]; \\ T_{22} &= \frac{1}{2} \cdot \psi [\sin n\varphi(\theta^2 \sin \theta x + \xi^2 \sin \xi x) + \\ &\quad + \cos n\varphi(\theta^2 \cos \theta x - \xi^2 \cos \xi x)]; \\ T_{12} &= \frac{1}{2R} \psi n [\cos n\varphi(\theta \cos \theta x + \xi \cdot \cos \xi x) + \\ &\quad + \sin n\varphi(\theta \sin \theta x - \xi \cdot \sin \xi x)] , \end{aligned} \tag{9}$$

where

$$\theta = \frac{\pi}{L} - \frac{n\gamma}{R},$$

$$\xi = \frac{\pi}{L} + \frac{n\gamma}{R}.$$

The expressions of specific moments are, in agreement with (4), given by

$$\begin{aligned} M_{11} &= \varkappa_1(t) \cdot \sin \varrho x \cdot \sin n \left(\varphi + \gamma \frac{x}{R}\right); \\ M_{22} &= \varkappa_2(t) \cdot \sin \varrho x \cdot \sin n \left(\varphi + \gamma \frac{x}{R}\right); \\ M_{12} &= \varkappa_{12}(t) \cdot \cos \varrho x \cdot \cos n \left(\varphi + \gamma \frac{x}{R}\right). \end{aligned} \tag{10}$$

Following [1] the relations between strains and deflections are deduced as

$$\begin{aligned} \varepsilon_{11} &= \frac{1}{2} \left(\frac{\partial w}{\partial x}\right)^2 - z \cdot \frac{\partial^2 w}{\partial x^2} ; \\ \varepsilon_{22} &= -\frac{w}{R} + \frac{1}{2R^2} \left(\frac{\partial w}{\partial \varphi}\right)^2 - z \left[\frac{1}{R^2} \frac{\partial^2 w}{\partial \varphi^2} + \right. \\ &\quad \left. + \frac{3}{2} \cdot \frac{\varepsilon^2}{R^2} \cdot \frac{\sin 2\varphi}{(1 - \varepsilon^2 \cos^2 \varphi)} \cdot \frac{\partial w}{\partial \varphi}\right]; \\ \varepsilon_{12} &= \frac{1}{R} \cdot \frac{\partial w}{\partial x} \cdot \frac{\partial w}{\partial \varphi} - 2z \cdot \frac{1}{R} \cdot \frac{\partial^2 w}{\partial x \partial \varphi} . \end{aligned} \tag{11}$$

The stress-strain-time relationship of the material is represented by the equations

$$\begin{aligned} \dot{\varepsilon}'_{ij} &= \frac{3}{2E} \cdot \dot{s}_{ij} , \\ \dot{\varepsilon}''_{ij} &= \frac{3}{2} \cdot A \cdot \sigma_i^{m-1} \cdot s_{ij} , \end{aligned} \tag{12}$$

where

$$\sigma_i^2 = (\sigma_{11}^2 - \sigma_{11}\sigma_{22} + \sigma_{22}^2 + 3\sigma_{12}^2) .$$

The stress distribution is assumed to be linear through the wall thickness of the shell as

$$\sigma_{ij} = \frac{T_{ij}}{h} + \frac{12}{h^3} M_{ij} z \qquad (i, j = 1, 2) . \tag{13}$$

The variational theorem of SANDERS-MCCOMB-SCHLECHTE is stated on the simultaneously variation of the fields of strain rates and stress rates. This circumstance gives the advantage that the assumptions for displacements and stresses can be chosen independently. Among all displacement rates and stress rates only actual ones give a stationary value of the functional [4]

$$I = \int_V \left[\dot{\varepsilon}_{ij}\dot{\sigma}_{ij} + \frac{1}{2}\dot{w}_{,i}\cdot\dot{w}_{,j}\cdot\sigma_{ij} - \frac{1}{2}(\dot{\varepsilon}'_{ij} + 2\dot{\varepsilon}''_{ij})\,\dot{\sigma}_{ij}\right] \mathrm{d}V - $$

$$- \int_{F_t} \dot{T}_i^* \cdot \dot{u}_i \,\mathrm{d}F - \int_{F_d} \dot{T}_i(\dot{u}_i - \dot{u}_i^*)\,\mathrm{d}F\,. \tag{14}$$

The third integral in (14) is zero and the second one, after substituting the action of tangential loading with corresponding equivalent fictitious pressure loading, obtains the form

$$- \int_{F_t} \dot{T}_i^* \dot{u}_i \,\mathrm{d}F = -\frac{1}{2}\int_{F_t} \dot{T}_z^{eq}\cdot \dot{w}\,\mathrm{d}F =$$

$$= -\frac{1}{2}\int_{F_t} 2T^0_{12}\cdot \dot{\tau}^0\cdot \dot{w}\,\mathrm{d}F = \int_{F_t} sh\cdot\frac{1}{R}\cdot\frac{\partial^2 w}{\partial x\,\partial\varphi}\cdot \dot{w}R\,\mathrm{d}\varphi\cdot\mathrm{d}x\,. \tag{15}$$

Now equations (4), (11), (12), (13) (taking into account (3) and (10)) and (15) are introduced into (14) and the integration is performed. From the condition of stationarity of the functional (14) with respect to $\dot{c}$, $\dot{\psi}$, $\dot{\varkappa}_1$, $\dot{\varkappa}_2$ and $\dot{\varkappa}_{12}$, solving the variational equation

$$\delta I = 0\,, \tag{16}$$

we obtain a nonlinear set of five ordinary equations, where the five unknowns are the parameters of displacement, forces and moments,

$$-\dot{\psi}\cdot a_1 + \dot{\varkappa}_1\cdot 2Ra_1 + \dot{\varkappa}_2 a_2 - \dot{\varkappa}_{12}a_3 - \dot{c}a_4 = 0;$$

$$\begin{aligned}&\dot{c}a_1 + \dot{\psi}(a_5 + a_6 + a_7) + \psi(g_1 + g_2 + g_{13}) + \\ &+ \psi^3(8g_{10} + 1{,}5g_5 + g_4 + g_6 + g_8 + g_{13}) + \psi\varkappa_1^2(g_3 + g_{11}) + \\ &+ \psi\varkappa_2^2(0{,}5g_3 + g_7 + 2g_{11}) + \psi\varkappa_{12}^2(4g_3 + 8g_{11} + 64g_7) - \\ &- \psi\varkappa_1\varkappa_2(g_3 + 2g_{11} - 2g_7) - \psi\varkappa_1\varkappa_{12}(g_{14} - 2g_8) - \\ &- \psi\varkappa_2\varkappa_{12}(2{,}5g_8 - 2g_{14} + 0{,}5g_8) = 0;\end{aligned}$$

$$\begin{aligned}&2\dot{c}Ra_1 - \dot{\varkappa}_1 2a_8 + \dot{\varkappa}_2 a_8 - \psi^2\varkappa_1(g_3 + g_{11}) + \psi^2\varkappa_2(0{,}5g_3 - \\ &- g_7 + g_{11}) + \psi^2\varkappa_{12}(0{,}5g_{11} - g_8) + g_{15}(\varkappa_2^3 - 2\varkappa_1^3) + \\ &+ 2g_{15}\varkappa_1\varkappa_2(\varkappa_1 - \varkappa_2) - \varkappa_{12}^2(12g_{15}\varkappa_2 - g_{16}\varkappa_1) = 0;\end{aligned}$$

$$\begin{aligned}&\dot{c}a_2 - \dot{\varkappa}_2 2a_8 + \dot{\varkappa}_1 a_8 + \psi^2\varkappa_1(g_{11} + 0{,}5g_3 - g_7) - \\ &- \psi^2\varkappa_2(2g_{11} + 0{,}5g_3) + \psi^2\varkappa_{12}(0{,}5g_8 - g_{11}) + g_{15}(\varkappa_1^3 - 2\varkappa_2^3) + \\ &+ 2g_{15}\varkappa_1\varkappa_2(\varkappa_2 - \varkappa_1) + 12g_{15}\varkappa_{12}^2(\varkappa_1 - 2\varkappa_2) = 0;\end{aligned}$$

$$\begin{aligned}&\dot{c}a_3 + \dot{\varkappa}_{12}6a_8 + \psi^2\varkappa_1(g_8 - 0{,}5g_{11}) + \psi^2\varkappa_2(g_{11} - 0{,}5g_8) + \\ &+ \psi^2\varkappa_{12}(64g_7 + 4g_3 + 8g_{11}) + \varkappa_{12}(\varkappa_1^2 + \varkappa_2^2)\,g_{16} - g_{16}(\varkappa_1\varkappa_2\varkappa_{12} + \\ &+ 12\varkappa_{12}^3) = 0\,,\end{aligned} \tag{17}$$

where

$$\begin{aligned}&a_1 = \varrho^2 + n^2\gamma/R^2;\quad a_2 = 2n^2/R;\quad a_3 = 4n\varrho;\quad T_0 = sh;\\ &a_4 = 2T_0 n^2\gamma/R;\quad a_5 = n^4(1 + \gamma^2 + \gamma^4)/EhR^3;\\ &a_6 = R\varrho^4/Eh;\quad a_7 = n^2\varrho^2(1 + 6\gamma^2)/EhR;\quad a_8 = 24R/Eh;\\ &g_1 = 24a_1 n^2/Rh;\quad g_2 = 3n^4/R^3h;\quad g_3 = 81g_2/4h^2T_0^2;\\ &g_4 = 5g_2n^4/8R^4T_0^2;\quad g_5 = 81a_1n^6/32hR^5T_0^2;\quad g_9 = g_6/h^2;\\ &g_6 = 81a_1^2n^4/32hR^3T_0^2;\quad g_7 = 81g_1/10h^2T_0^2;\\ &g_8 = 205\varrho n^3/h^3R^2T_0^2;\quad g_{10} = 27a_1^3n^2/32hRT_0^2;\\ &g_{11} = 205a_1^2R/8h^3T_0^2;\quad g_{12} = 3a_1^2R/h;\\ &g_{13} = 27a_1^4R/16hT_0^2;\quad g_{14} = 205a_1\varrho n/h^3T_0^2;\\ &g_{15} = 219R/h^5T_0^2;\quad g_{16} = 5250R/h^3T_0^2\,.\end{aligned}$$

Performing the integration the radius of curvature (1) is expanded in binomial series. And now we shall understand in (17) under R an "equivalent" radius, equal to

$$R = \frac{b^2}{a}\left(1 + \frac{3}{4}\varepsilon^2 + \frac{15}{32}\varepsilon^4 + \frac{35}{128}\varepsilon^6 + \frac{325}{1728}\varepsilon^8 + \ldots\right). \tag{18}$$

The derived system of differential equations (17) describes the creep buckling behaviour of the shell subjected to torsion.

The initial conditions for the solution of the equation (17) are taken as results of the solution of the corresponding elastic problem [3] and they are

$$c_0 = \frac{c_{00}}{1 - s/s_{cr}}\,;$$

$$s_{cr} = 0{,}622E\sqrt[4]{\frac{h^5}{R^3L^2}}\,;$$

$$\psi_0 = -\frac{Eh(c_0 - c_{00})\,(\varrho^2 + n^2\gamma^2/R^2)}{n^4/R^3 + n^2\varrho^2/R + R\varrho^4 + 6\varrho^2n^2\gamma^2/R + n^4\gamma^2/R^3}\,;$$

$$\varkappa_{10} = \frac{Eh^3(c_0 - c_{00})}{24\,(1 - \mu^2)}\,(\varrho^2 + n^2\gamma^2/R^2 + \mu n^2/R^2);$$

$$\varkappa_{20} = \frac{Eh^3(c_0 - c_{00})}{24(1 - \mu^2)}\,[n^2/R^2 + \mu(\varrho^2 + n^2\varrho\gamma^2/R^2)];$$

$$\varkappa_{120} = -\frac{Eh^3(c_0 - c_{00})\,\varrho n}{24(1 + \mu)\cdot R}\,. \tag{19}$$

The system (17) is solved numerically using the well known step by step method. The rates of seeked parameters are assumed as unknowns and the system gets a linearized form. It is introduced a dimensionless time for convenience in the calculation:

$$\tau = \frac{A\cdot E\cdot T_0^{m-1}}{h^{m-1}}\cdot t\,. \tag{20}$$

The numerical calculation is carried out on a digital computer. The program solves the governing equations by the Gauss method for a system of linear algebraic equations.

The initial imperfection influences in an important way the present consideration. From the beginning the initial transverse deflection increases slowly under action of the loading to the moment when the deflection sets to infinity for a finite time. This time is called critical one (fig. 2).

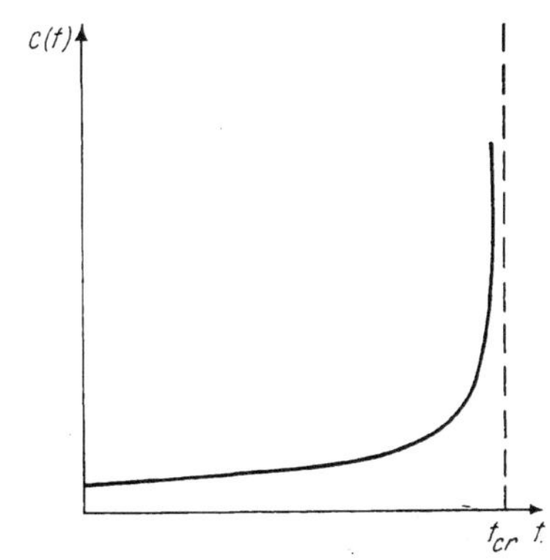

Fig. 2

Numerical Analysis of the Obtained Results

The calculations are carried out for a cylindrical shell with $L = 100$ mm, $a = 50$ mm, $h = 0{,}3$ mm, $E = 5000$ kN/cm² for aluminium alloy at about $T = 200°$.

The present solution for receiving the critical time for the cylindrical shell with an elliptic cross section subject to torsion in the presence of creep can be used by different eccentricities of the ellipse, including also the case when the eccentricity is zero, i.e. for a shell with a circular cross section, increasing the practical value of this investigation. The examples are for

$\varepsilon = 0$; 0,35; 0,5 and 0,75.

It is investigated the influence of the parameters n and γ on the critical time of the shell in the presence of creep (the magnitudes of n and γ in the elastic stage we get from [3]). The magnitudes of parameters n and γ are derived from the condition of minimum of the critical time. It turns out that the critical time is obtained by the same number of waves n, in circumferential direction, as in the elastic case but the angle between the inclination of the wave and the generatrix of the shell increases significantly in the presence of creep, as it is well seen from fig. 3 (γ_{el} — elastic case, γ_p — creep case). This result denotes that the creep phenomenon contributes to the development of deformations, for their more clear expression in the time.

The influence of the initial imperfection in the middle surface of the shell on the critical time is shown in fig. 4.

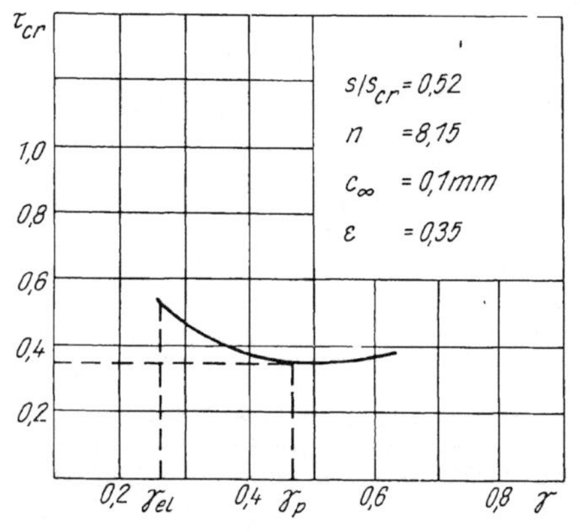

Fig. 3

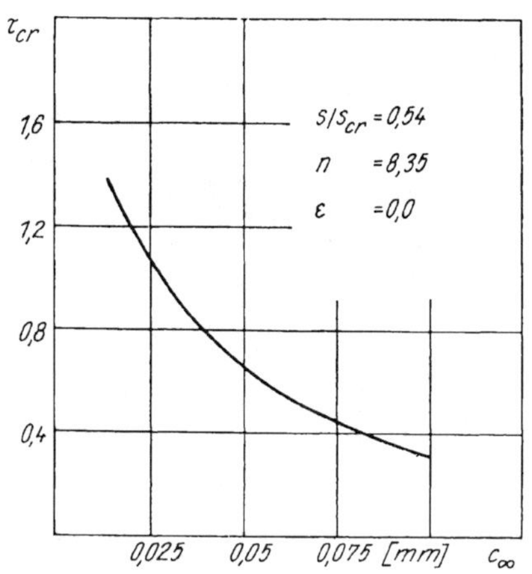

Fig. 4

A comparison of the critical time for a cylindrical shell with an elliptic cross section and a second larger shell with a circular cross section (the radius of the circle is equal to the big demiaxis of the ellipse) by the same thickness and stresses shows that the first has a longer lifetime than the second one (fig. 5). The quality explanation, as it is pointed out in [3], is in the supportable influence of the shell parts with smaller radius of curvature, which turns out a favourable influence on the general stability of the shell with an elliptic cross section.

Also it is established that with an increasing of the shell eccentricity the number of the waves n, in the circumferential direction, decreases at the creep buckling (fig. 6).

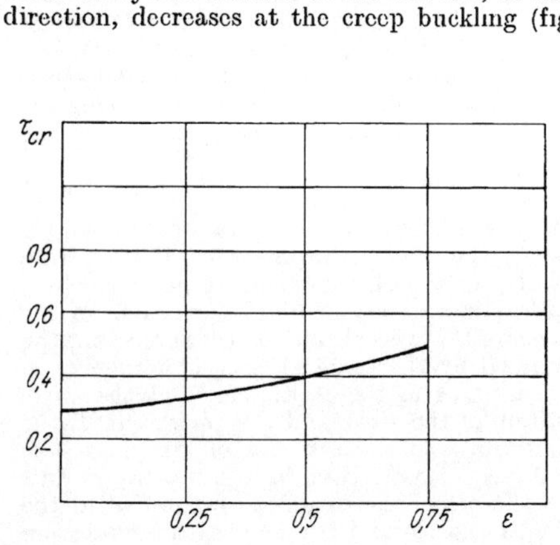

Fig. 5

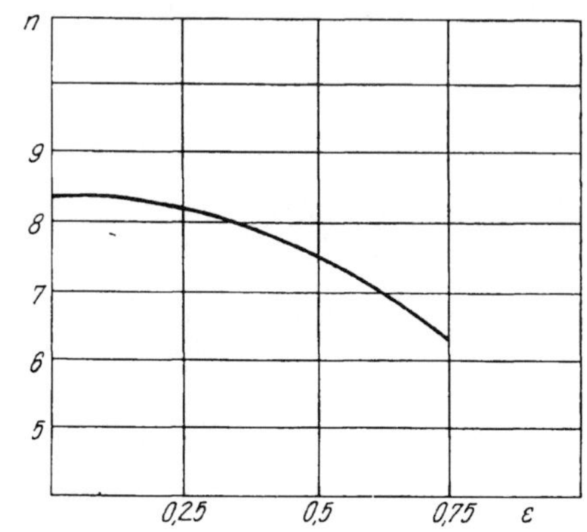

Fig. 6

Fig. 7 shows that with the increasing of the loading the critical time decreases and the opposite, i.e. no new quality results in comparison with the other cases of loadings.

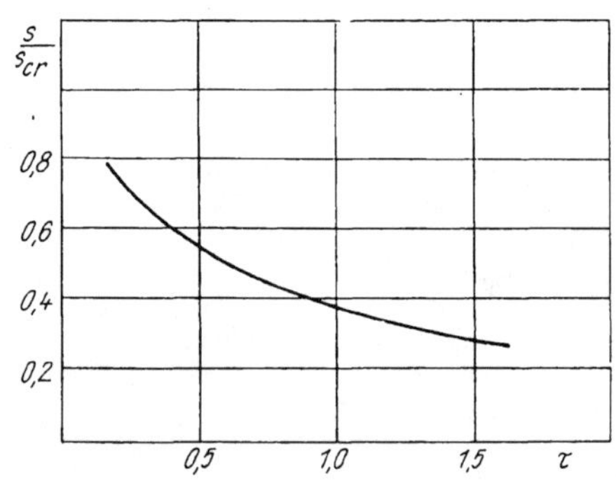

Fig. 7

Conclusion

The essential conclusion is that the cylindrical shell with an elliptic cross section subjected to uniform distributed torsional loading in the presence of creep is of a more effective structural shape and "more stiff" with respect to the circular cylindrical shell, circumscribed around the ellipse, by equal conditions.

References

1 Novojilov, V V., Teoria Tonkih Obolochek, Sudpromgiz, Leningrad, 1951
2 Hoff, N J, Prodolnii Izgib pri Polzuchesti, Mehanika 6, 1956.
3 Kolev, P, Ustoichivost na Tzilindrichna Tcherupka s Eliptichno Naprechno Sechenie pri Usukvane, Teoretichna i Prilojna Mehanika 1, 1976.
4 Sanders, L., H McComb, F Schlechte, A Variational Theorem for Creep with Application to Plates and Columns, NACA Report 1342, 1957
5 Gerard, G, A C Gilbert, A Critical Strain Approach to Creep Buckling of Plates and Shells, Journal of the Aerospace Sciences 7, 1958.
6 Levi, I M., N J Hoff, Interaction between Axisymmetric and Non-symmetric Creep Buckling of Circular Cylindrical Shells in Axial Compression, IUTAM Symposium Gothenburg 1970, Creep in Structures.
7 Samuelson, L. A., Creep Buckling of Imperfect Circular Cylindrical Shells under Non-Uniform External Loads, IUTAM Symposium Gothenburg 1970, Creep in Structures.

Eingereicht am 20. 1. 1976

Anschrift: Prof. Dr. M. Kozarov, Sofia, Ljuben-Karavelov-Straße 32, Bulgarien

ZAMM 57, 721–722 (1977)

F. Weidenhammer

Der relativistische harmonische Oszillator in seiner Eigenzeit

1. Fragestellung

Die freien Schwingungen eines Schwingers mit linearer Rückstellung müssen in der Speziellen Relativitätstheorie nichtlinear berechnet werden. Hierbei interessiert im allgemeinen nur die Darstellung in der Beobachterzeit t. Man kann jedoch im vorliegenden Falle die Rechnung mit Vorteil über die Eigenzeit τ führen, da sich hierfür, anders als in t, einfache und geschlossene Darstellungen sowohl für den Schwingungsausschlag wie auch für die Eigenfrequenz angeben lassen. Diese lassen sich dann leicht in die bekannten Ergebnisse in der Beobachterzeit [1, 2] umrechnen.

2. Geschlossene Lösungen

Das Energieintegral hat bekanntlich in der Eigenzeit τ die Form [1]

$$mc^2 \sqrt{1 + \frac{1}{c^2}\left(\frac{dx}{d\tau}\right)^2} + k_1 \frac{x^2}{2} = E\,. \tag{1}$$

Hierin bezeichnet $x(\tau)$ den zunächst in seiner Abhängigkeit von τ zu berechnenden Schwingungsausschlag und dieser kommt mit der zugehörigen Geschwindigkeit vor. Mit c wird die Lichtgeschwindigkeit bezeichnet und E ist die Energiekonstante. Mit der Federkonstanten k_1 und der Masse m läßt sich die klassische Eigenfrequenz

$$\omega_1 = \sqrt{\frac{k_1}{m}} \tag{2}$$

bilden. Wenn man die Energiekonstante E in (1) durch den Größtausschlag a ausdrückt, führt dies mit dem bezogenen Schwingungsausschlag

$$\xi(\tau) = \frac{x(\tau)}{a}$$

und dem positiven Parameter

$$\varkappa = \frac{\omega_1^2 a^2}{2c^2} \ll 1 \tag{3}$$

in Gleichung (1) zu

$$\sqrt{1 + \frac{2\varkappa}{\omega_1^2}\left(\frac{d\xi}{d\tau}\right)^2} = 1 + \varkappa(1 - \xi^2)\,. \tag{4}$$

Nach kurzer Rechnung lassen sich die Veränderlichen trennen und man erhält mit

$$k^2 = \frac{\varkappa}{2 + \varkappa} \tag{5}$$

$$\left(\frac{d\xi}{\omega_1 \sqrt{1 + \frac{\varkappa}{2}}\, d\tau}\right)^2 = (1 - \xi^2)(1 - k^2\xi^2)\,,$$

was sich mit der neuen Veränderlichen

$$z = \omega_1 \sqrt{1 + \frac{\varkappa}{2}}\,\tau \tag{6}$$

in die bekannte Differentialgleichung für den Jacobischen sinus amplitudinis [3, S. 133]

$$\left(\frac{d\xi}{d\tau}\right)^2 = (1 - \xi^2)(1 - k^2\xi^2) \tag{7}$$

überführen läßt. Aus (7) ist so k als der zugehörige Modul zu erkennen. Demnach ist der Schwingungsausschlag ξ nun erheblich einfacher in der Eigenzeit τ als in der Beobachterzeit t durch

$$\xi(\tau) = \frac{x(\tau)}{a} = \mathrm{sn}\, \omega_1 \sqrt{1 + \frac{\varkappa}{2}}\,\tau \tag{8}$$

gegeben. Da die reelle Periode hiervon

$$4\mathsf{K} = \omega_1 \sqrt{1 + \frac{\varkappa}{2}}\, \frac{2\pi}{\omega_\tau}$$

ist, hat man damit sehr einfach auch die zugehörige Eigenkreisfrequenz ω_τ zu

$$\omega_\tau = \omega_1 \frac{\sqrt{1 + \frac{\varkappa}{2}}}{\frac{2}{\pi}\mathsf{K}} \tag{9}$$

gefunden.

Es ist sehr illustrativ, sich davon zu überzeugen, daß die Eigenfrequenz für die Beobachterzeit kleiner als die für die Eigenzeit ist, wie es die Eigenschaften der zugehörigen Schwingungszeiten allgemein verlangen. Bildet man mit ω_t das Verhältnis ω_τ/ω_t, so erhält man mit dem bekannten [2]

$$\omega_t = \omega_1 \frac{\sqrt{1 + \frac{\varkappa}{2}}}{\frac{2}{\pi}[(2 + \varkappa)\mathsf{E} - \mathsf{K}]} \tag{10}$$

und mit ω_τ nach (9) bei gleichem Modul k gemäß (5)

$$\frac{\omega_\tau}{\omega_t} = \frac{(2 + \varkappa)\mathsf{E} - \mathsf{K}}{\mathsf{K}}\,.$$

Verwendet man die in der Theorie der elliptischen Funktionen bekannte Relation [3, S. 244]

$$k\frac{d\mathsf{K}}{dk} = \frac{\mathsf{E}}{1 - k^2} - \mathsf{K}$$

und beachtet die Definition

$$\mathsf{K} = \int_0^{\pi/2} \frac{d\varphi}{\sqrt{1 - k^2 \sin^2 \varphi}}\,,$$

so erkennt man, daß

$$\frac{\omega_\tau}{\omega_t} = 1 + 2\frac{k}{\mathsf{K}}\frac{d\mathsf{K}}{dk} > 1$$

ist, wie zu erwarten war.

3. Zusammenhang mit der Beobachterzeit

Mit der Definition des Eigenzeitelementes

$$d\tau = \sqrt{1 - \frac{1}{c^2}\left(\frac{dx}{dt}\right)^2}\, dt \tag{11}$$

ist der Zusammenhang zwischen τ und t leicht geschlossen anzugeben, so daß die Lösung (8) auch für die Beobachterzeit ausgewertet werden kann. Schreibt man (11) in $\xi(\tau)$ um und verwendet (4), so erhält man

$$d\tau = \frac{dt}{\sqrt{1 + \frac{2\varkappa}{\omega_1^2}\left(\frac{d\xi}{d\tau}\right)^2}} = \frac{dt}{1 + \varkappa(1 - \xi^2)}\,,$$

und daraus mit (8)

$$d\tau\left(1 + \varkappa\left(1 - \mathrm{sn}^2\, \omega_1 \sqrt{1 + \frac{\varkappa}{2}}\,\tau\right)\right) = dt\,.$$

Mit z von (6) und $\mathrm{dn}^2 z = 1 - k^2\, \mathrm{sn}^2 z$ geht dies in

$$-d\tau + (2 + \varkappa)\, \mathrm{dn}^2 z\, \frac{dz}{\omega_1 \sqrt{1 + \frac{\varkappa}{2}}} = dt$$

über, was sich sofort zu

$$-\omega_1 \sqrt{1 + \frac{\varkappa}{2}}\,\tau + (2 + \varkappa)\, E\left(\mathrm{am}\, \omega_1 \sqrt{1 + \frac{\varkappa}{2}}\,\tau, k\right) = \omega_1 \sqrt{1 + \frac{\varkappa}{2}}\,(t - t_0)$$

integrieren läßt. Hierin bezeichnet t_0 eine Integrationskonstante und für $E(\mathrm{am}\, u)$ kann man noch die Jacobische Zetafunktion [3, S. 179] einführen, so daß man

$$\mathsf{K}\omega_1\sqrt{1+\frac{\varkappa}{2}}\,(t-t_0)=[(2+\varkappa)\,\mathsf{E}-\mathsf{K}]\,\omega_1\sqrt{1+\frac{\varkappa}{2}}\,\tau+$$

$$+\,(2+\varkappa)\,\mathsf{K}\,\mathrm{zn}\,\omega_1\sqrt{1+\frac{\varkappa}{2}}\,\tau \qquad (12)$$

erhält. Damit kann die einfache Darstellung (8) auch in der Beobachterzeit geschlossen ausgewertet werden. Hierfür wird man der Übersichtlichkeit wegen aber wohl doch auf Reihenentwicklungen übergehen.

4. Reihenentwicklungen

Mit dem Kleinheitsparameter $\varkappa \ll 1$ von (3) stellt sich zunächst die FOURIERreihe für den Schwingungsausschlag in der Eigenzeit τ in der Form

$$\xi(\tau)=\frac{x(\tau)}{a}=\sin z_\tau+\frac{\varkappa}{32}(\sin z_\tau+\sin 3z_\tau)+O(\varkappa^2) \qquad (13)$$

dar, wenn

$$z_\tau=\omega_\tau\tau=\frac{\omega_1\sqrt{1+\dfrac{\varkappa}{2}}}{\dfrac{2}{\pi}\,\mathsf{K}}\,\tau \qquad (14)$$

ist. Die zugehörige Eigenfrequenz ω_τ folgt durch Entwicklung aus (9) einfach zu:

$$\omega_\tau=\omega_1\left[1+\frac{1}{16}\left(\frac{\omega_1 a}{c}\right)^2-\frac{5}{1024}\left(\frac{\omega_1 a}{c}\right)^4+O\left(\frac{\omega_1 a}{c}\right)^6\right].$$

Mit (12) und (13) läßt sich leicht auch der Übergang auf die Beobachterzeit t leisten. Zu dem Zweck schreibt man (12) mit (14) und

$$z_t=\frac{\omega_1\sqrt{1+\dfrac{\varkappa}{2}}\,(t-t_0)}{\dfrac{2}{\pi}\,[(2+\varkappa)\,\mathsf{E}-\mathsf{K}]} \qquad (15)$$

in der Form

$$z_t=z_\tau+\frac{(2+\varkappa)\,\mathrm{zn}\,\omega_1\sqrt{1+\dfrac{\varkappa}{2}}\,\tau}{\dfrac{2}{\pi}\,[(2+\varkappa)\,\mathsf{E}-\mathsf{K}]}$$

und entwickelt zum Zwecke der Darstellung

$$z_\tau=z_t-\frac{\varkappa}{4}\sin 2z_t+O(\varkappa^2)$$

wieder nach dem Kleinheitsparameter. Aus (13) folgt dann sofort in der Beobachterzeit die bekannte Entwicklung [2]

$$\xi(t)=\frac{x(t)}{a}=\sin z_t-\frac{3}{32}\varkappa\,(\sin z_t+\sin 3z_t)+O(\varkappa^2)\,,$$

woraus sich mit dem Blick auf (15) auch die bekannte Eigenfrequenz (10) unmittelbar ablesen läßt.

5. Zusammenfassung

Die Eigenschwingung eines freien relativistischen Schwingers mit linearer Rückstellung (sogenannter relativistischer harmonischer Oszillator) läßt sich in der Eigenzeit τ zu

$$x(\tau)=a\,\mathrm{sn}\,\omega_1\sqrt{1+\frac{\varkappa}{2}}\,(\tau-\tau_0)\,,$$

τ_0 Integrationskonstante, besonders einfach berechnen. Der Weg über diese Formulierung ist wohl der kürzeste Weg zu der Darstellung in der Beobachterzeit, die meist allein interessiert.

Literatur

1 SYNGE, I. L., Handbuch der Physik, herausgegeben von S. FLÜGGE, Band III, 1, S. 221, Berlin/Göttingen/Heidelberg 1960.
2 WEIDENHAMMER, F., ZAMM 52, 253–254 (1972).
3 TRICOMI, F. und KRAFFT, M., Elliptische Funktionen, Leipzig 1948.

Eingereicht am 4. 1. 1977

Anschrift: Professor Dr. FRITZ WEIDENHAMMER, D-75 Karlsruhe 1, Bismarckstraße 11, BRD

ZAMM 57, 722–725 (1977)

W. ROTH

Torsionsschwingungen des gezogenes Bandes*)

Gekoppelte Biege- und Torsionsschwingungen eines mit der Geschwindigkeit v in Längsrichtung sich bewegenden Bandes wurden in der Arbeit [1] untersucht. Das Fehlen der CORIOLISglieder für die Translations- als auch Rotationsbewegungen in diesem Bericht schränkt die Gültigkeit der Lösung aber ein. Insbesondere ist der destabilisierende Einfluß der Dämpfung, der zu erwarten ist, nachdem dieser in [2] für durchströmte Rohre und in [3] für Treibriemen, also verwandte nichtkonservative Probleme nachgewiesen wurde, nicht gezeigt. Um das Wesentliche bezüglich der Dämpfungseinflüsse zu erkennen, wird in der vorliegenden Arbeit für das unendlich lange mit der Geschwindigkeit v sich bewegende Band für die reinen Torsionsschwingungen der Effekt einer äußeren und inneren Dämpfung hinsichtlich des Stabilitätskriteriums untersucht, wobei auch eine elastische Bettung mit berücksichtigt ist.

An einem Bandelement, Abb. 1, greife an der Schnittstelle x das innere Torsionsmoment

$$W=GI_p\frac{\partial\vartheta}{\partial x}, \qquad (1)$$

an und bedingt durch die Materialdämpfung das Moment

$$M_\delta=\delta\left(\frac{\partial\vartheta}{\partial x}\right)^{\cdot}. \qquad (2)$$

Beschränkt man sich auf Bänder, deren Querschnittformen bei der Torsion erhalten bleiben, und rechnet man ohne Wölbbehinderung, dann stellt (1) ein Torsionsmoment nach DE SAINT-VENANT dar mit der Torsionssteifigkeit GI_p. Nach (2) ist das innere Dämpfungsmoment proportional der zeitlichen Ableitung der spezifischen Verdrehung angesetzt, wobei δ der Koeffizient der inneren Dämpfung ist. Das Zusammenwirken von (1) und (2) in der Form

$$W+M_\delta=GI_p\frac{\partial\vartheta}{\partial x}+\delta\left(\frac{\partial\vartheta}{\partial x}\right)^{\cdot}$$

kann so gedeutet werden, daß rheologisch ein KELVIN-Körper [4] als Modell für die Spannungs-Verformungsbeziehung unterstellt ist. Dieses Gedankenmodell wurde in neuerer Zeit wiederholt zur Beschreibung einer inneren Dämpfung bei mechanischen Systemen angenommen [5]. Eine äußere Dämpfung sei proportional der lokalen Verdrehungsgeschwindigkeit angesetzt, so

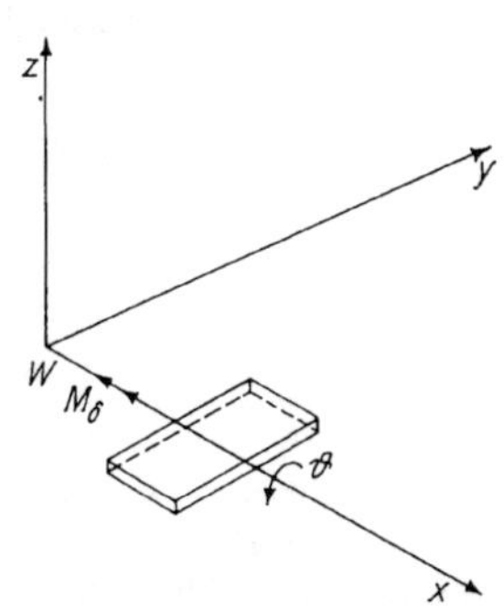

Abb. 1. Zur Festlegung der Drehung des Bandes und der Momente

daß am Bandelement bezogen auf die Längeneinheit des Bandes das Moment

$$M_\varrho=-\varrho\frac{\partial\vartheta}{\partial t} \qquad (3)$$

angreift, hierbei ist ϱ der Koeffizient der äußeren Dämpfung. Entsprechend soll mit der Bettungsziffer k das Moment

$$M_k=-k\vartheta\,, \qquad (4)$$

*) Herrn Prof. Dr. rer. nat. h. c. OTTO KRAMER zum 75. Geburtstag gewidmet.

einer möglicherweise auftretenden elastischen Bettung gegen Verdrehung des Bandes proportional dem Torsionswinkel wirkend berücksichtigt werden. Die Bewegungsgleichung eines Bandelementes ist dann unter Berücksichtigung der Momentenanteile (1), (2), (3) und (4) dargestellt durch

$$\frac{\partial W}{\partial x}\,dx + \frac{\partial M_\delta}{\partial x}\,dx + M_\varrho\,dx + M_k\,dx = d\Theta\ddot{\vartheta}\,, \tag{5}$$

wobei $d\Theta = \mu\,dx$ das polare Massenträgheitsmoment eines Bandelementes ist und $\ddot{\vartheta}$ die Winkelbeschleunigung darstellt. Sowohl in (2) als auch in (5) müssen für $\dot{\vartheta}_x$ bzw. $\ddot{\vartheta}$ die totalen Ableitungen nach der Zeit verwendet werden, so daß die Bewegungsgleichung (5) schließlich

$$-\delta v\frac{\partial^3\vartheta}{\partial x^3} - \delta\frac{\partial^3\vartheta}{\partial x^2\,\partial t} + (\mu v^2 - GI_p)\frac{\partial^2\vartheta}{\partial x^2} + $$
$$+ 2v\mu\frac{\partial^2\vartheta}{\partial x\,\partial t} + \mu\frac{\partial^2\vartheta}{\partial t^2} + \varrho\frac{\partial\vartheta}{\partial t} + k\vartheta = 0 \tag{6}$$

ist. In dieser partiellen Differentialgleichung stellt der Term

$$2v\,\frac{\partial^2\vartheta}{\partial x\,\partial t} \tag{7}$$

in der Terminologie der Getriebelehre den CORIOLISanteil für die durch Drehung verursachte Beschleunigung dar; betrachtet man nämlich einen Punkt des Bandes im Abstand r von der Drehachse oder Mittelachse, Abb. 2, dann ist dessen Ausschlag $y = r\vartheta$ und die CORIOLISbeschleunigung hierzu

$$2v\,\frac{\partial^2 y}{\partial x\,\partial t} = 2vr\,\frac{\partial^2\vartheta}{\partial x\,\partial t},$$

so daß (7) als CORIOLISwinkelbeschleunigung eines Bandelementes gedeutet werden kann.

Die partielle Differentialgleichung (6) dritter Ordnung beschreibt die Bewegung des Bandes und die Lösung dieser Gleichung ist demnach interessant. Der Produktansatz

$$\vartheta = e^{i\alpha x}\,e^{i\beta t} \tag{8}$$

führt auf die charakteristische Gleichung

$$\mu\beta^2 + \beta[2v\mu\alpha - i(\varrho + \delta\alpha^2)] +$$
$$+ [-i\delta v\alpha^3 + \alpha^2(\mu v^2 - GI_p) - k] = 0\,,$$

welche zunächst für einen beliebigen α-Wert die beiden Lösungen

$$\beta = -v\alpha + i\,\frac{(\varrho + \delta\alpha^2)}{2\mu} \pm \frac{1}{2\mu}\sqrt{4\mu(\alpha^2 GI_p + k) - (\varrho + \delta\alpha^2)^2 - i4v\mu\alpha\varrho} \tag{9}$$

oder auch

$$\beta = -v\alpha \pm \frac{\operatorname{sign} b}{2\mu\sqrt{2}}\sqrt{a + \sqrt{a^2 + b^2}} +$$
$$+ i\left[\frac{(\varrho + \delta\alpha^2)}{2\mu} \pm \frac{1}{2\mu\sqrt{2}}\sqrt{-a + \sqrt{a^2 + b^2}}\right] \tag{10}$$

mit

$$a = 4\mu(GI_p\alpha^2 + k) - (\varrho + \delta\alpha^2)^2\,, \qquad b = -4v\mu\alpha\varrho\,,$$

für β besitzt. Für die Aufstellung der Lösung $\vartheta(x, t)$ für ein unendlich langes Band, welches den beliebigen Anfangsbedingungen

$$\vartheta(x, 0) = \varphi(x)\,, \quad \frac{\partial\vartheta}{\partial t}(x, 0) = \Phi(x) \tag{11}$$

genügt, ist es zweckmäßig, sich in (10) α zunächst als positive reelle Größe vorzustellen. Durch Vertauschung von α mit $-\alpha$

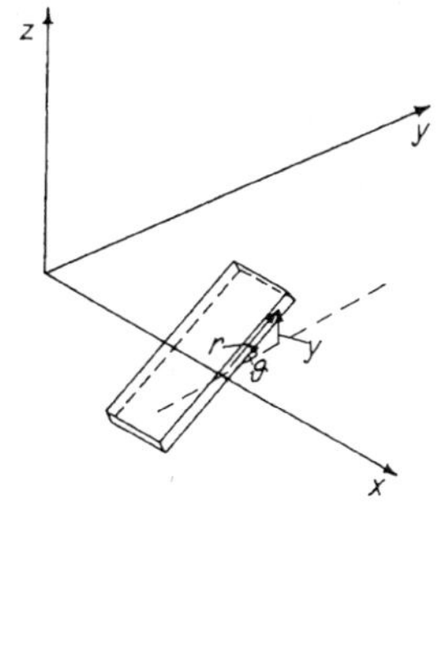

Abb. 2. Auslenkung am Bandelement zur Erklärung der CORIOLISbeschleunigung

und Aufsummierung über (8) erhält man dann die Lösung

$$\vartheta = \sum_{n=0}^{\infty} e^{-\lambda_{1n}t}\,[c_{1n}\sin(\alpha_n x - \alpha_n vt - \omega_{1n}t) +$$
$$+ c_{2n}\cos(\alpha_n x - \alpha_n vt - \omega_{1n}t)] +$$
$$+ \sum_{n=0}^{\infty} e^{-\lambda_{2n}t}\,[c_{3n}\sin(\alpha_n x - \alpha_n vt + \omega_{1n}t) +$$
$$+ c_{4n}\cos(\alpha_n x - \alpha_n vt + \omega_{1n}t)] \tag{12}$$

mit den Exponenten

$$\lambda_{1n} = \frac{(\varrho + \delta\alpha_n^2)}{2\mu} + \omega_{2n}\,, \qquad \lambda_{2n} = \frac{(\varrho + \delta\alpha_n^2)}{2\mu} - \omega_{2n}\,, \tag{13}$$

wobei

$$\omega_{1n} = \frac{1}{2\mu\sqrt{2}}\sqrt{a + \sqrt{a^2 + b^2}}\,, \qquad \omega_{2n} = \frac{1}{2\mu\sqrt{2}}\sqrt{-a + \sqrt{a^2 + b^2}}$$

ist und die Konstanten c_{1n}, c_{2n}, c_{3n} und c_{4n} beliebig sind. Setzt man in (12) $\alpha_n = \pi n/l$ ($n = 0$; 1; 2; 3; ...), dann ist es möglich, die Lösung (12) den beliebigen mit $2l$ periodischen Anfangsbedingungen (11) anzupassen. Damit besteht aber auch die Möglichkeit, durch Vollziehung des Grenzüberganges $l \to \infty$ die Lösung (12) in FOURIERscher Integraldarstellung anzugeben. Hierbei können dann in weitem Sinne beliebige Anfangsbedingungen erfüllt werden, wenn nur für diese die Forderungen

$$\lim_{l\to\infty}\frac{1}{2l}\int_{-l}^{l}\varphi(x)\,dx = 0\,, \qquad \lim_{l\to\infty}\frac{1}{2l}\int_{-l}^{l}\Phi(x)\,dx = 0$$

erfüllt sind. Der Rechnungsgang verläuft analog wie für das durchströmte Rohr [2] und sei deshalb wegen der Ähnlichkeit in der Durchführung hier nicht weiter verfolgt, da die wesentlichen Aussagen an Hand der Lösung (12) schon gewonnen werden können.

Die in der Funktion (12) für den Verdrehungswinkel auftretenden Partikulärintegrale beschreiben Torsionswellenzüge, welche mit den Geschwindigkeiten

$$w_{1n,\,2n} = v \pm \frac{\omega_{1n}}{\alpha_n}$$

durch das Band eilen. Insbesondere können Torsionswellengruppen mit den Gruppengeschwindigkeiten

$$u_{1n,\,2n} = \frac{d(v\alpha_n \pm \omega_{1n})}{d\alpha_n} = v \pm \frac{d\omega_{1n}}{d\alpha_n}$$

entstehen. Bei einer nichtperiodischen Anfangsstörung $l \to \infty$ oder $\alpha_n \to 0$ erhält man für die Gruppengeschwindigkeiten

$$u_{1n,\,2n} = v\,,$$

diese stimmen also mit der Bandgeschwindigkeit überein.

Für das zeitliche Verhalten der Lösung (12) im Sinne der Stabilitätstheorie sind die Exponenten λ_{1n} und λ_{2n} nach (13) zuständig. Sie entscheiden über Stabilität oder Instabilität der Bewegung. Zur genaueren Differenzierung der verschiedenen Möglichkeiten soll zwischen den vier Fällen

a) $\varrho = 0, \delta = 0$ b) $\varrho = 0, \delta > 0$

c) $\varrho > 0, \delta = 0$ d) $\varrho > 0, \delta > 0$

unterschieden werden.

Der Fall a) führt mit $\varrho = 0$ und $\delta = 0$ zu den Werten $\lambda_{1n} = 0$ und $\lambda_{2n} = 0$ der Exponenten (13), so daß hier nach LJAPUNOW [6] gerade der kritische Fall vorliegt, über dessen Bewegungsverhalten des Systems bei linearisierter Rechnung, so wie sie hier durchgeführt wurde, nichts ausgesagt werden kann. Eine Entscheidung wird durch Berücksichtigung von Dämpfungen bewirkt.

Die Fälle b, c und d können zusammenfassend mit den Ungleichungen $\lambda_{1n} > 0$ und $\lambda_{2n} > 0$ zur Erreichung von Stabilität formuliert werden. Unter Verwendung von (13) erhält man so die Beziehung

$$\frac{v^2\mu}{GI_p} < \left(1 + \frac{K}{GI_p}\frac{1}{\alpha_n^2}\right)(1 + \eta\alpha_n^2)^2 \tag{14}$$

zur Berechnung der maximalen oder kritischen Bandgeschwindigkeit v_k. Der Koeffizient

$$\eta = \frac{\delta}{\varrho} \tag{15}$$

stellt das Verhältnis der inneren Dämpfung δ zur äußeren Dämpfungsziffer ϱ dar und übernimmt die Rolle eines Parameters. Da zur Diskussion der aus (14) folgenden Ergebnisse alle reellen Werte $\alpha_n > 0$ zugelassen werden müssen, um eine Approximation der Lösung (12) an die Anfangsbedingungen (11) mit beliebiger Periodenlänge $2l$ zu gestatten, folgt für den Fall b) mit $\varrho = 0$ und $\delta > 0$ wegen $\eta = \infty$ unmittelbar

$$v_k = \infty\,, \tag{16}$$

so daß also die Stabilität der Bewegung für jede endliche Bandgeschwindigkeit gewährleistet ist. Der Fall c) führt mit $\varrho > 0$ und $\delta = 0$ und also $\eta = 0$ zu der Ungleichung

$$\frac{v^2\mu}{GI_p} < 1\,,$$

aus welcher die kritische Geschwindigkeit

$$v_k = \sqrt{\frac{GI_p}{\mu}} \tag{17}$$

folgt. Schließlich führt der Fall d) mit $\varrho > 0$ und $\delta > 0$ und damit beliebigen Werten η zu der Bestimmungsgleichung

$$\frac{v_k^2\mu}{GI_p} = F_{\min}$$

für v_k, wobei $F_{\min}$ das Minimum der in (14) enthaltenen Funktion

$$F = \left(1 + \frac{K}{GI_p}\frac{1}{\alpha_n^2}\right)(1 + \eta\alpha_n^2)^2$$

darstellt. Den Verlauf dieser Funktion in Abhängigkeit von α_n zeigt das Schaubild Abb. 3. Der Minimalwert von F liegt an der Stelle

$$\nu^2 = \alpha_n^2 = \frac{k}{4GI_p}\left[-1 + \sqrt{1 + 8\,\frac{GI_p}{\eta k}}\right],$$

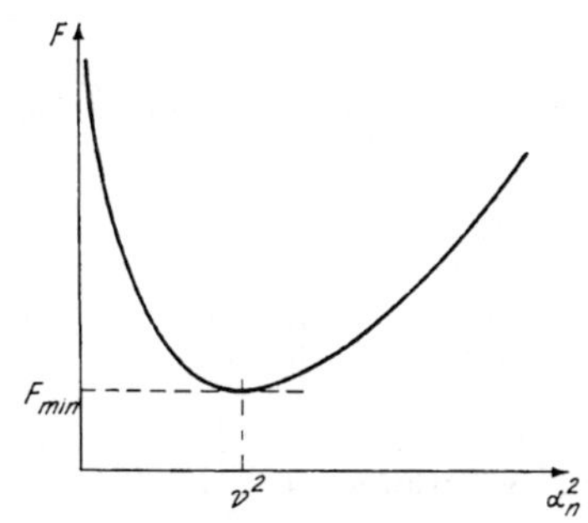

Abb. 3. Minimum der Funktion $F(\alpha_n^2)$

und damit ist

$$F_{\min} = \left(1 + \frac{5}{2}\varepsilon + \frac{3}{8}\varepsilon^2 - \frac{\varepsilon^3}{16}\right) + \left(1 + \frac{\varepsilon}{8}\right)\sqrt{8\varepsilon + \varepsilon^2}\,,$$

wenn

$$\varepsilon = \frac{\eta k}{GI_p} \tag{18}$$

einen resultierenden Parameter, gebildet aus η nach (15), der Bettungsziffer k und der Drill- oder Torsionssteifigkeit GI_p darstellt. Die Gleichung (14) ist in expliziter Form somit sinngemäß ausgeschrieben

$$\frac{v_k^2\mu}{GI_p} = \left(1 + \frac{5}{2}\varepsilon + \frac{3}{8}\varepsilon^2 - \frac{\varepsilon^3}{16}\right) + \left(1 + \frac{\varepsilon}{8}\right)\sqrt{8\varepsilon + \varepsilon^2}\,, \tag{19}$$

und diese Beziehung liefert die niederste kritische Bandgeschwindigkeit v_k in Abhängigkeit von dem Parameter ε nach (18), also bei Berücksichtigung von innerer und äußerer Dämpfung des Bandes.

Der Verlauf von $v_k^2\mu/GI_p$ nach Gleichung (19), Abb. 4, deckt recht eigentümliche Verhältnisse auf. So liegt mit $\varepsilon = 0$ der Fall c) vor, und v_k wird aus (19) identisch mit (17) geliefert. Mit zunehmenden Werten von ε erreicht v_k einen Maximalwert

$$\frac{v_k^2\mu}{GI_p} = 35{,}63 \tag{20}$$

an der Stelle

$$\varepsilon = 8{,}02\,, \tag{21}$$

und mit weiter zunehmenden ε-Werten fällt v_k wieder ab, um an der Stelle $\varepsilon = 13{,}19$ zu Null zu werden. Für alle $\varepsilon > 13{,}19$

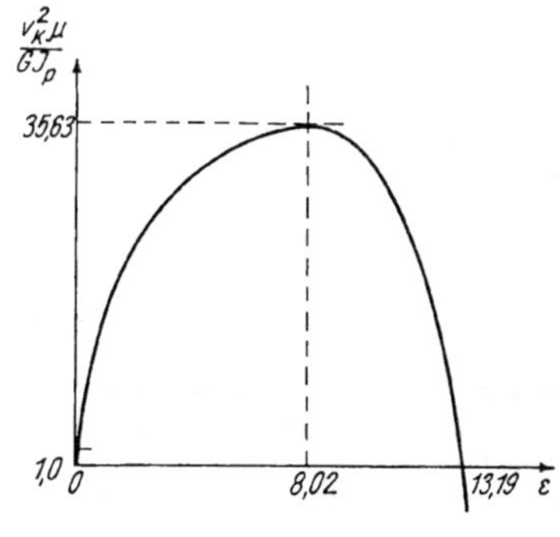

Abb. 4. Kritische Bandgeschwindigkeit in Abhängigkeit vom Parameter ε

ist $v_k^2/GI_p < 0$ und demnach v_k imaginär; daraus folgt aber, daß für diese Werte $\varepsilon > 13{,}19$ sich rechnerisch keine kritischen Bandgeschwindigkeiten v_k mehr ergeben. In Konsequenz zu diesem Ergebnis steht die Folgerung, daß das Band für alle Parameterwerte $\varepsilon > 13{,}19$ instabil läuft. Das ist von der Zusammensetzung des Parameters ε aus beurteilt eine Eigenschaft, die teilweise plausibel ist. Sagt sie doch aus, daß mäßig große Werte von η oder δ und k stabilisieren, solange $\varepsilon < 13{,}19$ bleibt; wird aber die äußere Dämpfungsziffer ϱ hinreichend groß, so geht $\varepsilon \to 0$ und die kritische Geschwindigkeit wird durch das Kriterium (17) als Grenzfall für $\varrho \to \infty$ dargestellt. Die äußere Dämpfung wirkt also stets stabilisierend, wenn sie nur groß genug ist.

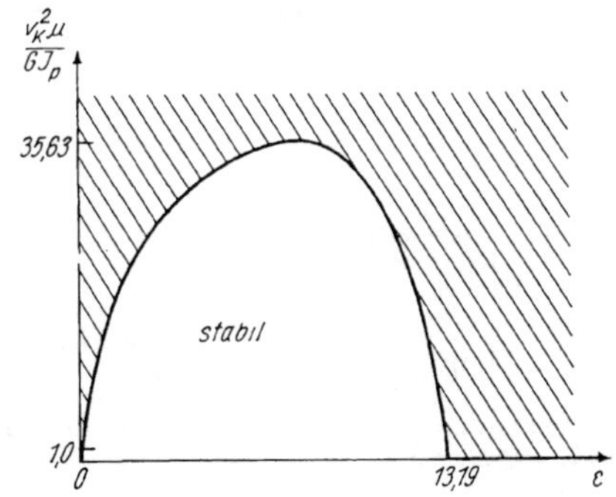

Abb. 5. Instabilitätskarte für reines Torsionsflattern

Faßt man zusammen, so kommt man zu dem Ergebnis, daß eine Stabilitätskarte für die kritische Bandgeschwindigkeit v_k oder die dimensionslose Größe $v_k^2\mu/GI_p$ nach Abb. 5 angegeben werden kann. Im Bereich $0 < \varepsilon < 13{,}19$ läuft das Band stabil, wenn die Werte von $v^2\mu/GI_p$ im nichtschraffierten Bereich unterhalb der durch die Gleichung (19) beschriebenen Grenzkurve gelegen sind. Für alle $\varepsilon > 13{,}19$ liegt Instabilität vor, d. h. hier ist $v_k = 0$. Damit liegt eine Empfehlung zur zweckmäßigen Auslegung des Bandes vor. Sieht man von den konstruktiven Schwierigkeiten, bestimmte Ziffern für k und η und damit ε zu verwirklichen, einmal ab, so sollte möglichst der Wert $\varepsilon = 8{,}02$ nach (21) angestrebt werden, damit die kritische Bandgeschwindigkeit v_k nach (20) dann möglichst groß wird, und das Band mit Geschwindigkeiten $v < v_k$ stabil läuft. Sicher kann Stabilität verwirklicht werden, wenn es möglich ist, die äußere Dämpfung zu beeinflussen und diese möglichst groß wird, da dann mit $\varrho \to \infty$ das Kriterium (17) in Kraft tritt. Da im allgemeinen $\varrho \neq 0$ ist, kann der durch (16) beschriebene ideale Fall $v_k = \infty$ unter den in der Rechnung getroffenen Voraussetzungen nicht verwirklicht werden.

Literatur

1 MOTE, C. D., Jr., Divergence buckling of an edge-loaded axially moving band, Int J Mech. Sci. **10**, S. 281 (1968).

2 ROTH, W., Instabilität durchströmter Rohre, Ing-Archiv **33**, S 236 (1964).

3 ROTH, W., Schwingungen von Treibriemen und Ketten, Antriebstechnik 3, S. 48 (1964).

4 REINER, M., Rheologie, S 151, München 1968.

5 ESCHLER, H, Über freie Biegungsschwingungen des axial belasteten Stabes mit innerer und äußerer Dämpfung, Ing-Archiv **20**, S. 1 (1952).
FUHRKE, H., Bestimmung von Rahmenschwingungen mit Hilfe des Matrizen-Kalküls, Ing Archiv **24**, S. 27 (1956).
NEWMAN, M K, Viscous damping in flexural vibrations of bars, J. of Appl. Mech. **81**, S. 367 (1959).
KELLENBERGER, W, Die Stabilität rotierender Wellen infolge innerer und äußerer Dämpfung, Ing.-Archiv **32**, S 323 (1963).
WEHRLI, CH., Zum Problem der Stabilität ungleichförmig rotierender viskoelastischer Wellen, Ing.-Archiv **38**, S. 67 (1969).

6 MALKIN, J G, Theorie der Stabilität einer Bewegung, S. 55, München 1959.

Eingereicht am 29. 2. 1976

Anschrift: Prof. Dr.-Ing. WERNER ROTH, Strählerweg 119, 75 Karlsruhe 41, BRD

ZAMM 57, 725 - 727 (1977)

E. ASSENG

Eine Lösung für das Problem des Wärmeaustauschs einer Kugel in gleitender Umströmung

Verdünnte Gase gleiten an der Oberfläche umströmter Körper. Das Geschwindigkeitsfeld in der Umgebung einer Kugel im Kontinuum, wo Haften an der Oberfläche vorausgesetzt ist, wird auf der Grundlage der Lösung von Stokes für kleine Reynolds-Zahlen für Gleitströmung verallgemeinert, indem ein Gleitfaktor eingeführt wird. Aus dem Geschwindigkeitsfeld wird die Reibungsdissipation in Kugelkoordinaten berechnet, sie bildet mit der Wärmeleitung im Gas die Energiebilanz, aus deren Lösung sich die Wärmeaustauschparameter Rückgewinnfaktor und Nusselt-Zahl ergeben. In die Lösung wird der Temperatursprung an der Kugeloberfläche, eine weitere charakteristische Erscheinung der Gleitströmung, einbezogen.

1. Der Bereich der Gleitströmung

Theoretische Untersuchungen des Wärmeaustauschs eines Körpers erfordern die Kenntnis des Geschwindigkeitsfeldes in dem ihn umströmenden Medium. Die dazu benutzten NAVIER-STOKESschen Gleichungen sind aber auf Gase nur dann anwendbar, wenn deren Dichten so groß sind, daß sich die Gase als Kontinua verhalten. Mit abnehmender Dichte löst sich ein Kontinuum auf, weil die mittleren freien Weglängen der Moleküle die Größenordnung der Körperabmessungen erreichen. Wird ein Gas soweit verdünnt, daß die freien Weglängen die Körperdimensionen bedeutend übertreffen, erfolgt der Wärmetransport durch die Bewegung diskreter Moleküle, dieser Dichtebereich wird „frei-molekularer" Bereich genannt. Zwischen ihm und dem Kontinuum liegen die Bereiche der Gleitströmung (slip flow) und der gestörten Molekülströmung (transition flow). Weitere Informationen über die Strömungsbereiche und ihre Grenzen findet man bei DRAKE [1] und WUEST [2].

Der an das Kontinuum anschließende Bereich der Gleitströmung ist durch einen Sprung der Temperatur und der Geschwindigkeit unmittelbar an der Körperoberfläche gekennzeichnet (DRAKE [1]), während die Randbedingungen im Kontinuum besagen, daß das Medium an der Oberfläche die Körpertemperatur und die Geschwindigkeit Null hat.

Die Diskontinuität der Geschwindigkeit, das Gleiten an der Oberfläche, wurde bereits von KUNDT/WARBURG [3] in hydrodynamische Untersuchungen verdünnter Gase eingeführt und später von KNUDSEN [4] theoretisch und experimentell bestätigt.

Auch über die Wirkung des Temperatursprungs auf den Wärmeaustausch liegen bereits einige Untersuchungen vor (PATTERSON [5], LEVEY [6]).

2. Die Wärmeaustauschparameter

Das Ziel der Untersuchung ist die Bestimmung der beiden dimensionslosen Parameter, welche den Wärmeübergang eines schnell durch ein Medium bewegten Körpers charakterisieren, des Rückgewinnfaktors (recovery factor) und der NUSSELT-Zahl. Der Rückgewinnfaktor

$$re = \frac{T_e - T_0}{U_0^2/2c_p} \tag{1}$$

bestimmt die dynamische Erwärmung, die der Körper auf Grund der schnellen Bewegung durch das Medium erfährt. Seine Temperatur wird über die Mediumtemperatur T_0 hinaus auf die Eigentemperatur T_e erhöht. U_0 ist die durch den Körper nicht gestörte Geschwindigkeit des Mediums, c_p die spezifische Wärme des Mediums bei konstantem Druck.

Die NUSSELT-Zahl einer Kugel mit der Temperatur T_k

$$Nu = \frac{q 2 R_k}{\lambda (T_k - T_e)} \tag{2}$$

ist ein Maß für die Wärmemenge q, welche auf die Kugel übergeht, solange die Eigentemperatur noch nicht erreicht ist. λ ist die Wärmeleitzahl des Mediums, R_k der Kugelradius. Diese Parameter sind in allen Strömungsbereichen definiert.

3. Das Geschwindigkeitsfeld der Kugelumströmung

Als Form des umströmten Körpers wird eine Kugel gewählt, weil dafür das Geschwindigkeitsfeld im Kontinuum vorliegt, das STOKES als eine der ersten Lösungen der hydrodynamischen Bewegungsgleichungen errechnete. Es gilt nur für kleine REYNOLDS-Zahlen, die aber bei genügend geringer Dichte auch bei großer Geschwindigkeit unterschritten werden können.

Man schreibt die Geschwindigkeitskomponenten in Kugelkoordinaten r, ϑ, φ (z. B. LANDAU/LIFSCHITZ [7]):

$$v_r = \left(\frac{2a_1}{r^3} + \frac{a_2}{r} + U_0\right) \cos\vartheta\,,$$

$$v_\vartheta = \left(\frac{a_1}{r^3} - \frac{a_2}{2r} - U_0\right) \sin\vartheta\,,$$

$$v_\varphi = 0\,.$$

Die freien Konstanten a_1, a_2 werden im Kontinuum durch die Randbedingungen

$$r = R_k : v_r = v_\vartheta = v_\varphi = 0$$

bestimmt, die Gleitströmung soll dahingegen durch

$$r = R_k : v_\vartheta = -m U_0 \sin\vartheta \qquad v_r = v_\varphi = 0 \tag{3}$$

gekennzeichnet werden. Das Medium gleitet auf der gesamten Kugeloberfläche außer am vorderen und hinteren Staupunkt ($\vartheta = 0$, $\vartheta = \pi$).

Mit $0 \geqq m \geqq 1$ ist m das Maß für das Durchgreifen der ungestörten Strömung U_0 zum Kugeläquator ($\vartheta = \pi/2$). m soll Gleitfaktor genannt werden. Wenn man nun a_1 und a_2 bestimmt, erhält man die gleitende Umströmung der Kugel

$$\begin{aligned} v_r &= U_0 \cos\vartheta \left[1 + \frac{1}{2}\frac{R_k^3}{r^3}(1 - 2m) - \frac{3}{2}\frac{R_k}{r}\left(1 - \frac{2}{3}m\right)\right], \\ v_\vartheta &= -U_0 \sin\vartheta \left[1 - \frac{1}{4}\frac{R_k^3}{r^3}(1 - 2m) - \frac{3}{4}\frac{R_k}{r}\left(1 - \frac{2}{3}m\right)\right], \\ v_\varphi &= 0\,. \end{aligned} \tag{4}$$

4. Die Reibungsenergie

Zur Bestimmung der dynamischen Erwärmung ist die Reibungsenergie des Geschwindigkeitsfeldes zu errechnen. Das Problem macht dafür Kugelkoordinaten erforderlich. Deshalb wird zunächst eine allgemeine, vom Koordinatensystem unabhängige Darstellung gegeben.

Betrachtet wird ein so kleines Volumen δV, daß für eine beliebige Feldfunktion f gilt:

$$\int_{\delta V} f \,\mathrm{d}V = f\,\delta V\,. \tag{5}$$

Vorausgeschickt sei noch der Integralsatz von GAUSS:

$$\oint_{\delta V} \mathfrak{f} \cdot \mathfrak{n}\,\mathrm{d}o = \int_{\delta V} \nabla \cdot \mathfrak{f}\,\mathrm{d}V\,, \tag{6}$$

$\mathfrak{n}$ Normaleneinheitsvektor des Oberflächenelements do.
Der Vektor der Strömungsgeschwindigkeit an der Stelle des Volumenelements δV ist $\mathfrak{v}$, es greift an δV die Spannung $\mathfrak{p}$ an. Die Arbeit der Spannung bei der differentiellen Verschiebung $\mathfrak{v} \cdot \mathrm{d}t$ (t: Zeit) ist

$$A_g = \mathrm{d}t \oint \mathfrak{p} \cdot \mathfrak{v}\,\mathrm{d}o\,.$$

Es gilt (SCHLICHTING [8], LAGALLY [9]

$$\mathfrak{p} = \mathfrak{n} \cdot \boldsymbol{\sigma}\,.$$

$\boldsymbol{\sigma}$ ist der Spannungstensor nach Abspaltung des Druckanteils. Wendet man (6) und (5) an, ergibt sich

$$A_g = \nabla \cdot \boldsymbol{\sigma} \cdot \mathfrak{v}\,\delta V\,\mathrm{d}t$$
$$= (\nabla \cdot \overset{\downarrow}{\boldsymbol{\sigma}} \cdot \mathfrak{v} + \nabla \cdot \boldsymbol{\sigma} \cdot \overset{\downarrow}{\mathfrak{v}})\,\delta V\,\mathrm{d}t\,.$$

Der Pfeil $\downarrow$ kennzeichnet das Objekt der ∇-Differentiation (LAGALLY [9]).

Man multipliziert die NAVIER-STOKESsche Gleichung (SCHLICHTING [8]) ohne Massenkräfte mit $\mathfrak{v}$:

$$\varrho \frac{\mathrm{d}\mathfrak{v}}{\mathrm{d}t} \cdot \mathfrak{v} = -\nabla p \cdot \mathfrak{v} + \nabla \cdot \overset{\downarrow}{\boldsymbol{\sigma}} \cdot \mathfrak{v}\,, \qquad p\text{: Druck}\,,$$

und erhält mit $\frac{\partial p}{\partial t} = 0$

$$\nabla \cdot \overset{\downarrow}{\boldsymbol{\sigma}} \cdot \mathfrak{v} = \frac{\mathrm{d}}{\mathrm{d}t}(\varrho \mathfrak{v} \cdot \mathfrak{v} + p)\,.$$

Diese Relation bedeutet: $\nabla \cdot \overset{\downarrow}{\boldsymbol{\sigma}} \cdot \mathfrak{v}$ ist der Teil der Reibungsenergie, der eine Änderung der mechanischen Energie in der Volumen- und Zeiteinheit hervorruft. Die Differenz zur gesamten Reibungsenergie A_g ist die in Wärme umgesetzte Reibungsenergie, die Reibungsdissipation A_w:

$$A_w = A_g - \nabla \cdot \overset{\downarrow}{\boldsymbol{\sigma}} \cdot \mathfrak{v}\,\delta V\,\mathrm{d}t$$
$$= \nabla \cdot \boldsymbol{\sigma} \cdot \overset{\downarrow}{\mathfrak{v}}\,\delta V\,\mathrm{d}t = \nabla \cdot (\overset{\downarrow}{\mathfrak{v}} \cdot \boldsymbol{\sigma})\,\delta V\,\mathrm{d}t$$
$$= \nabla\mathfrak{v} \cdot\cdot\, \boldsymbol{\sigma}\,\delta V\,\mathrm{d}t\,.$$

Die in der Volumen- und Zeiteinheit dissipierte Reibungsenergie a_w ist also

$$a_w = \boldsymbol{\varepsilon} \cdot\cdot\, \boldsymbol{\sigma}\,. \tag{7}$$

Darin ist

$$\boldsymbol{\varepsilon} = \frac{1}{2}(\nabla\overset{\downarrow}{\mathfrak{v}} + \overset{\downarrow}{\mathfrak{v}}\nabla)$$

der Tensor der Formänderungsgeschwindigkeiten, der symmetrische Teil des Tensors der Verschiebungsgeschwindigkeiten $\nabla\mathfrak{v}$ (LAGALLY [9]).

Das STOKESsche Gesetz für den kompressionslosen Reibungstensor lautet

$$\boldsymbol{\sigma} = 2\mu\boldsymbol{\varepsilon} - \frac{2}{3}\mu\varepsilon_I \cdot \boldsymbol{I} \tag{8}$$

$$\varepsilon_I = \nabla \cdot \mathfrak{v}$$

($\boldsymbol{I}$ Einheitstensor, ε_I 1. Skalar von $\boldsymbol{\varepsilon}$, μ dynamische Zähigkeit.)

Bemerkt sei $\boldsymbol{\sigma} \cdot\cdot\, \boldsymbol{I} = \sigma_I = 0$. Damit ergeben (7) und (8)

$$a_w = \frac{1}{2\mu}\boldsymbol{\sigma} \cdot\cdot\, \boldsymbol{\sigma}\,. \tag{9}$$

Nun kann die Spezialisierung auf Kugelkoordinaten vorgenommen werden. Vorher sollen folgende Vereinfachungen eingeführt werden:

a) Inkompressibilität: $\nabla \cdot \mathfrak{v} = 0$.

b) Nur das zur Kugeloberfläche senkrechte Geschwindigkeitsgefälle trägt zur Reibungsdissipation bei. In der Komponentenschreibweise in Kugelkoordinaten σ_{ik}, $i, k = r, \vartheta, \varphi$, treten also nur die Tensorkomponenten auf, deren Indexpaar r enthält.

Damit schreibt man die Reibungsdissipation

$$a_w = \frac{\mu}{2}\left\{9U_0^2\cos^2\vartheta\,\frac{R_k^2}{r^2}\left[\frac{R_k^4}{r^6}(1-2m)^2 + \frac{1}{r^2}\left(1-\frac{2}{3}m\right)^2 - {} \right.\right.$$
$$\left.\left. - 2\frac{R_k^2}{r^4}(1-2m)\left(1-\frac{2}{3}m\right)\right] + \frac{9}{2}U_0^2\sin^2\vartheta\,\frac{R_k^6}{r^8}(1-2m)^2\right\}. \tag{10}$$

5. Die Wärmeaustauschparameter

Die Wärmebilanz wird auf Wärmeleitung und Reibungsdissipation beschränkt:

$$\lambda\nabla \cdot \nabla T(r) = -a_w\,, \qquad T \text{ Temperatur}\,. \tag{11}$$

Als weitere Vereinfachung wird festgelegt, daß Leitung nur senkrecht zur Oberfläche auftritt:

$$\nabla \cdot \nabla T = \frac{1}{r^2}\lambda\frac{\mathrm{d}}{\mathrm{d}r}\left(r^2\frac{\mathrm{d}T}{\mathrm{d}r}\right). \tag{12}$$

Zur Ermittlung der Wärmeaustauschparameter re und Nu muß die Differentialgleichung (11) unter Einbeziehung von (10) und (12) gelöst werden. Ein Lösungsansatz ist nach SCHLICHTING [8]

$$T(r) - T_0 = (T_k^* - T_0)\,F_1(r) + F_2(r)\,, \tag{13}$$

T_0 ist die Temperatur der ungestörten Strömung, $T_k^* - T_0$ die Temperaturerhöhung der Kugel durch künstliche Aufheizung.

F_1 ist die Lösung der homogenen Differentialgleichung (11), diese Funktion löst das Kühlungsproblem, wenn nur künstliche Aufheizung die Kugel über die Umgebungstemperatur erwärmt. Der Temperatursprung in der Gleitströmung bewirkt eine Differenz zwischen der Kugeltemperatur T_k^* und der Temperatur $T(R_k)$ des unmittelbar an der Kugeloberfläche entlangströmenden Gases, mithin gilt

$$T(R_k) - T_0 = P(T_k^* - T_0)\,, \qquad 0 \leqq P \leqq 1 \tag{14}$$

und wegen (13)

$$F_1(R_k) = P\,. \tag{14.1}$$

F_2 ist eine Lösung der inhomogenen Differentialgleichung (11) und löst das Thermometerproblem (SCHLICHTING [8]). Das Gas an der Kugeloberfläche wird nur durch Reibungserwärmung auf die Eigentemperatur T_e gebracht und tauscht dann keine Wärme mit der übrigen Gasmenge aus, deshalb gilt

$$\left.\frac{\mathrm{d}F_2}{\mathrm{d}r}\right|_{R_k} = 0\,. \tag{14.2}$$

Weitere Randbedingungen sind

$$F_1(\infty) = 0\,, \tag{14.3}$$

$$F_2(\infty) = 0\,. \tag{14.4}$$

Man erhält damit für die Teillösungen von (11)

$$F_1(r) = P\frac{R_k}{r}$$

und (15)

$$\frac{1}{r^2}\lambda\frac{\mathrm{d}}{\mathrm{d}r}\left(r^2\frac{\mathrm{d}F_2}{\mathrm{d}r}\right) = -a_w\,.$$

Die Ausführung der Integration auf beiden Seiten der letzten Gleichung mit Berücksichtigung von (10) und Einsetzen von $r = R_k$ ergibt F_2 auf der Kugeloberfläche

$$F_2(R_k) = \frac{U_0^2}{2c_p}\frac{9}{2}Pr\left[\frac{1}{6}(1-2m)^2 + \frac{1}{3}\cos^2\vartheta\left(\frac{1}{2} + 2m - \frac{2}{3}\mathrm{m}^2\right)\right] \tag{16}$$

mit der PRANDTL-Zahl

$$Pr - \mu\frac{c_p}{\lambda}, \qquad c_p \text{ spezifische Wärme des Gases}\,.$$

Für $T_k^* - T_0 = 0$ ist $T(R_k) = T_e$, also mit (13) $T_e - T_0 = F_2(R_k)$. Damit erhält man aus (1) den Rückgewinnfaktor für eine Stelle auf der Kugeloberfläche:

$$re' = \frac{F_2(R_k)}{U_0^2/2c_p}.$$

Der Rückgewinnfaktor der gesamten Kugel ergibt sich durch Mittelbildung über ihre Oberfläche:

$$re = \frac{1}{4\pi R_k^2}\int_0^{2\pi} R_k^2\,\mathrm{d}\varphi \int_0^{\pi} re'\sin\vartheta\,\mathrm{d}\vartheta\,.$$

Die Integration mit Berücksichtigung von (16) führt auf

$$re = Pr\left(1 - 2m + \frac{8}{3}m^2\right).$$

Die zur Kugel übergehende Wärmemenge ist nach dem NEWTONschen Abkühlungsgesetz (SCHLICHTING [8])

$$q = -\lambda \left.\frac{\mathrm{d}(T - T_0)}{\mathrm{d}r}\right|_{R_k}$$

mit (13) und (15)

$$q = \lambda P \frac{T_k^* - T_0}{R_k}.$$

Künstliche Aufheizung und dynamische Erwärmung addieren sich:

$$T_k - T_0 = T_k^* - T_0 + T_e - T_0 .$$

Es folgt

$$q = \lambda P \frac{T_k - T_e}{R_k}$$

und aus (2)

$$Nu = 2P . \tag{17}$$

6. Der Temperatursprung

GRÖBER u. a. [10] und YUGE [11] geben für umströmte Kugeln im Kontinuum den Wert $Nu = 2$ an. (17) besagt, daß der Kontinuumwert für den Gleitbereich als Folge des Temperatursprunges durch den Faktor P modifiziert wird.

P wird um so mehr von 1 abweichen, je größere KNUDSEN-Zahlen

$$Kn = l/\delta \tag{18}$$

(l mittlere freie Weglänge der Moleküle, δ Grenzschichtdicke) das Regime der Gleitströmung anzeigen.

Einen Einblick in die Dichte- bzw. Kn-Abhängigkeit des Temperatursprungfaktors P gewährt die Anwendung einer Relation, die man z. B. bei ECKERT / DRAKE [1], S. 281 für den Temperatursprung findet:

$$T(R_k) - T_k = Al \left.\frac{\mathrm{d}T}{\mathrm{d}r}\right|_{R_k}. \tag{19}$$

Darin enthält A den Akkomodationskoeffizienten der Gasmoleküle, die spezifischen Wärmen und die PRANDTL-Zahl des Gases. In unserer Betrachtung bleibt der Wert von A jedoch unbestimmt.

Ein einfacher Ansatz für den Temperaturgradienten ist

$$\left.\frac{\mathrm{d}T}{\mathrm{d}r}\right|_{R_k} = B\frac{T_0 - T(R_k)}{\delta} \tag{20}$$

mit dem zunächst unbestimmten Faktor B.

Es folgt aus (19), (20), (18) und mit der Abkürzung $C = AB$

$$T(R_k) - T_k^* = CKn(T_0 - T(R_k))$$

und weiterhin

$$T(R_k) - T_0 = \frac{1}{1 + C\,Kn}(T_k^* - T_0) .$$

Der Vergleich mit (14) liefert den Faktor des Temperatursprunges:

$$P = \frac{1}{1 + C\,Kn}.$$

Wenn man $1 + C\,Kn$ als erste Glieder der Reihe für $e^{C\,Kn}$ auffaßt, erhält man

$$P = e^{-C\,Kn}$$

und

$$Nu = 2e^{-C\,Kn} .$$

Dieser Ausdruck für die NUSSELT-Zahl einer gleitend umströmten Kugel wurde in [12], Kap. 5.3.2.3 (unter Berücksichtigung der dortigen Relation (84) ist $V_1 = 1$) heuristisch eingeführt und findet nun hier eine physikalische Begründung als Folge des Temperatursprunges an der Kugeloberfläche.

In [12] wird gezeigt, wie der hier unbestimmt gebliebene Faktor C durch Verträglichkeitsbedingungen festgelegt wird, die den Anschluß an den frei-molekularen Strömungsbereich gewährleisten.

Literatur

1 ECKERT, E. R. G., R. M. DRAKE, Heat and mass transfer New York 1959.
2 WUEST, W., Raumfahrt: Aerodynamik, Naturwiss. **57**, 5, S. 230–235, Heidelberg 1970.
3 KUNDT, A., E. WARBURG, Über Reibung und Wärmeleitung verdünnter Gase, Ann. Phys. u. Chem. **155**, S. 339–372, Leipzig 1875.
4 KNUDSEN, M., Die Gesetze der Molekularströmung und der inneren Reibungsströmung der Gase durch Röhren, Ann. Phys. **4**, Folge 28, S. 75–130, Leipzig 1909.
5 PATTERSON, G. N., Molecular flow of gases, New York/London 1956.
6 LEVEY, H. C., Heat transfer in slip flow at low REYNOLDS numbers, J. Fluid. Mech. **6**, S. 385–391, 1959.
7 LANDAU, L. D., E. M. LIFSCHITZ, Lehrbuch der Theoret. Physik VI, Hydrodynamik, Berlin 1971.
8 SCHLICHTING, H., Grenzschicht-Theorie, 2. Aufl., Karlsruhe 1954.
9 LAGALLY, M., Vorlesungen über Vektorrechnung, 5. Aufl., Leipzig 1956.
10 GRÖBER, ERK, GRIGULL, Die Grundgesetze der Wärmeübertragung, Berlin 1955.
11 YUGE, T., Theory of heat transfer of spheres in uniform stream at low REYNOLDS numbers, Rep. Inst. High Speed Mech. **6**, 67, S. 143–151, Tokio 1956.
12 ASSENG, E., Untersuchungen zur Ermittlung des Wärmeaustausches zwischen Thermistoren und verdünnter Luft, Diss. Humboldt-Univ. Berlin 1976.

Eingereicht am 7. 8. 1976

Anschrift: Dr. sc. E. ASSENG, Meteorologischer Dienst der DDR, DDR-1231 Lindenberg, Aerologisches Observatorium

ZAMM 57, 727–729 (1977)

HERMANN ENGELS / C. M. K. MAURER-CRUTZEN

Zur Existenz von Clenshaw-Curtis-Quadraturen mit modifizierten Tschebyscheff-Abszissen als Stützstellen

1. Einleitung

Das Quadraturverfahren von CLENSHAW und CURTIS (beschrieben etwa in [1], [2] und [4]) ist ein zuverlässiges Verfahren zur genäherten Berechnung der Integralfunktion

$$I(f; z) := \int_{-1}^{z} W(x)\, f(x)\, \mathrm{d}x \qquad \text{für } z \in [-1, 1] .$$

Hierbei ist $W(x)$ eine in $[-1, 1]$ vorzeichenkonstante, integrable Gewichtsfunktion, wie sie erstmals von R. KUSSMAUL [5] bei CLENSHAW-CURTIS-Quadraturen eingeführt wurde. Üblicherweise wird $f(x)$ durch sein LAGRANGEsches Interpolationspolynom $L_N(f, x)$ vom Grade N (bei $N + 1$ Stützstellen $x_i^{(N)} \in [-1, 1]$) ersetzt. Durch dessen Integration erhält man ein Verfahren vom CLENSHAW-CURTIS-Typ:

$$I(f; z) = \sum_{i=1}^{N} A_i^{(N)}(z)\, f(x_i^{(N)}) + R_N(f, z)$$

mit dem Quadraturfehler

$$R_N(f, z) = \int_{-1}^{z} W(x)\, r_N(f, x)\, \mathrm{d}x$$

und den Gewichten

$$A_i^{(N)}(z) = \int_{-1}^{z} W(x)\, \lambda_i^{(N)}(x)\, \mathrm{d}x .$$

Es ist $r_N(f, x)$ der Interpolationsfehler und $\lambda_i^{(N)}(x)$ sind die LAGRANGEschen Koeffizienten (vgl. [4]). Zur Entlastung der Formeln werden wir den oberen Index (N) weglassen.

Die wesentliche Schwierigkeit bei der Konstruktion eines Quadraturverfahrens vom CLENSHAW-CURTIS-Typ liegt in der Bestimmung der *Quadraturgewichte*. Deren Berechnung ist zufriedenstellend bislang nur geglückt, wenn die Stützstellen die Nullstellen der TSCHEBYSCHEFFschen Polynome 1. und 2. Art sind und wenn zusätzlich $W = 1$ oder $W = \sqrt{1 - x^2}$ ist.

Im Folgenden nehmen wir als Stützstellen die Nullstellen der verschobenen TSCHEBYSCHEFFschen Polynome 1. Art $T_N(x)+c$ mit $c \in [-0{,}5;\ 0{,}5]$. Wie üblich, ist $T_N(x) = \cos(N \arccos x)$. Wir zeigen

- daß es eine Gewichtsfunktion $W(x)$ gibt derart, daß das resultierende Quadraturverfahren existiert und die Fehlerordnung N hat,
- daß die Gewichte dieses Quadraturverfahrens explizit berechnet werden können.

Wesentliches Hilfsmittel für die Beweise sind orthogonale Polynome bzgl. eines diskreten Skalarproduktes. Auf praktische Aspekte gehen wir im Rahmen dieser Arbeit noch nicht ein.

2. Die orthogonalen Polynome des Verfahrens

Trivialerweise hat das verschobene TSCHEBYSCHEFF-Polynom $T_N(x) + c$ mit $c \in [-0{,}5;\ 0{,}5]$ im Intervall $(-1,1)$ genau N reelle, paarweise verschiedene Nullstellen, die wir als Stützstellen unseres Quadraturverfahrens wählen wollen. Die Einschränkung von c auf das Intervall $[-0{,}5;\ 0{,}5]$ ist notwendig, um die Definitheit des Polynoms

$$Q_{3N}(x) := \alpha T_{3N}(x) + \beta T_{2N}(x) + \gamma T_N(x) + \delta$$

sicherzustellen. Dieses Polynom wiederum ist Bestandteil der Gewichtsfunktion

$$W(x) = \frac{Q_{3N}(x)}{\sqrt{1-x^2}}$$

unseres Verfahrens. Es gilt nämlich

Satz 1. *Für jedes $c \in [-0{,}5;\ 0{,}5]$ und für $\alpha, \beta, \gamma, \delta \in \mathbb{R}$ mit $\gamma + 2c\delta = 0$, $\delta > 0$, $|\alpha| + |\beta| + |\gamma| > 0$ ist $Q_{3N}(x)$ definit, und es ist $V_N(x) := T_N(x) + c \perp \mathbb{P}_{N-1}$ bzgl. des skalaren Produktes*

$$(f, g) := \int_{-1}^{1} W(x) f(x) g(x)\, dx .$$

(Wie üblich, ist $\mathbb{P}_N$ die Menge der Polynome vom Grade $\leqq N$.)

Wir bemerken, daß dann auch $(x^j, V_N(x)) = 0$ für $j < N$ gilt und führen den Beweis.

Beweis: Es gilt

$$\begin{aligned} Q_{3N}(x) &= \alpha T_{3N}(x) + \beta T_{2N}(x) - 2c\delta T_N(x) + \delta \\ &\geqq -|\alpha| - |\beta| - 2|c|\delta + \delta \\ &\geqq 0 \quad \text{für } |c| \leqq \frac{1}{2\delta}(\delta - |\alpha| - |\beta|) \leqq 1/2 . \end{aligned}$$

Daß die Grenzen $\pm 0{,}5$ für c tatsächlich erreicht werden, zeigt das Beispiel

$$Q_{3N}(x) = 1 \pm T_N(x) \geqq 0 .$$

Die Orthogonalitätseigenschaft folgt aus der Darstellung

$$\begin{aligned} Q_{3N}(x) V_N(x) = \alpha T_{4N}(x) &+ (\beta + 2\alpha c) T_{3N}(x) + \\ &+ (\alpha + \gamma + 2c\beta) T_{2N}(x) + \\ &+ (\beta + \delta + 2c\gamma) T_N(x) + \gamma + 2c\delta . \end{aligned}$$

Aus der Orthogonaleigenschaft der TSCHEBYSCHEFFschen Polynome $T_N(x)$ folgt

$$\begin{aligned} (x^j, V_N(x)) &= \tfrac{1}{2}(\gamma + 2c\delta) \int_{-1}^{1} x^j (1-x^2)^{-1/2}\, dx, \quad j = 0(1)\,N-1 \\ &= 0 \Leftrightarrow \gamma + 2c\delta = 0 . \end{aligned}$$

(Der Faktor 1/2 resultiert aus der Zerlegung

$T_N T_N = (T_{2N} + T_0)/2$.)

Damit ist das System der orthogonalen Polynome bezüglich des Skalarproduktes $(.,.)$ konstruierbar.

Satz 2: *Das System der orthonormalen Polynome $Q_j(x)$ bzgl. des skalaren Produktes $(.,.)$ aus Satz 1 ist für $N = 2M$ bzw. $N = 2M + 1$ gegeben durch*

$$Q_0 = \frac{1}{\sqrt{2\delta}} T_0 ,$$

$$Q_j(x) = \frac{1}{\sqrt{\delta}} T_j(x) , \quad 0 < j < M ,$$

$$Q_M(x) = \frac{1}{\sqrt{\delta(1-c)}} T_M(x) ,$$

$$Q_j(x) = \frac{1}{\sqrt{\delta(1-c^2)}} (T_j(x) + c T_{N-j}(x)) ; \qquad M < j < N ,$$

$$Q_N(x) = \frac{1}{\sqrt{\beta/2 + \delta(1-2c^2)}} (T_N(x) + c) .$$

Der Beweis kann mit Hilfe des SCHMIDTschen Orthogonalisierungsverfahrens erbracht werden. Er ist sehr langwierig, aber elementar, weshalb er hier unterbleibt.

Wir haben also für jedes $c \in [-0{,}5;\ 0{,}5]$ ein System orthogonaler Polynome $Q_0, Q_1(x), \ldots, Q_N(x)$, deren sämtliche Nullstellen reell und voneinander verschieden sind und die alle in $(-1,1)$ liegen: $t_i = t_i(c) \in (-1,1)$. Wir können sie auch als Stützstellen einer gewöhnlichen GAUSS-Quadratur zur Gewichtsfunktion $W(x)$ verwenden (vgl. [4]):

$$\frac{2}{\pi} \int_{-1}^{1} W(x) f(x)\, dx = \sum_{j=1}^{N} g_j f(t_j) + R_N f$$

mit $R_N(x^k) = 0$, $k = 0(1)\,2N-1$.

Wir definieren das *diskrete skalare Produkt*

$$\langle f, g \rangle := \sum_{k=1}^{N} g_k f(t_k)\, g(t_k) .$$

Damit gilt

Satz 3: *Die bzgl. $(.,.)$ orthonormalen Polynome $Q_j(x)$, $j = 0(1)\,N$, sind auch bezüglich $\langle .,. \rangle$ orthonormal.*

Beweis: Für $i, j \leqq N$ und $i + j < 2N$ gilt

$$\begin{aligned} \langle Q_i, Q_j \rangle &= \sum_{k=1}^{N} g_k Q_i(t_k)\, Q_j(t_k) \\ &= \frac{2}{\pi} \int_{-1}^{1} W(x)\, Q_i(x)\, Q_j(x)\, dx = \delta_{i,j} , \end{aligned}$$

da $Q_i Q_j \in \mathbb{P}_{2N-1}$ und da deshalb $R_N(Q_i Q_j) = 0$.

Damit kommen wir nun zur Beschreibung des angekündigten Quadraturverfahrens vom CLENSHAW-CURTIS-Typ.

3. Herleitung des Verfahrens

Es ist

$$I_N(f, z) = \sum_{k=1}^{N} A_k(z) f(x_k) , \tag{1}$$

wobei die Stützstellen x_k die N Nullstellen von $V_N(x)$ sind und die Gewichte $A_i(z)$ zu bestimmen sind. Setzen wir

$$K_N(t, x) := \sum_{i-1}^{N} Q_i(t)\, Q_i(x) ,$$

so gilt

Satz 4: *Die Gewichte des Quadraturverfahrens (1) sind gegeben durch*

$$A_i(z) = g_i \int_{-1}^{z} W(x)\, K_N(x_i, x)\, dx , \qquad i = 1(1)\,N ,$$

mit

$$g_i = \frac{1}{(N-1)\, T'_N(x_i)} \sum_{k=0}^{N-1}{}'' \frac{T_N(\xi_k) + c}{x_k - \xi_k} , \qquad i = 1(1)\,N ,$$

und

$$\xi_i = \cos \frac{\pi i}{N-1} , \qquad i = 0(1)\,N-1 .$$

Hierbei bedeutet wie üblich

$$\sum_{k=1}^{N}{}'' a_k := \tfrac{1}{2}(a_1 + a_N) + \sum_{k=2}^{N-1} a_k .$$

Beweis: Wir entwickeln die LAGRANGEschen Koeffizienten $\lambda_i(x)$ nach TSCHEBYSCHEFFschen Polynomen

$$\lambda_i(x) = \sum_{k=0}^{N-1} d_{ik} T_k(x) ,$$

woraus dann

$$g_j = \frac{2}{\pi} \int_{-1}^{1} W(x)\, \lambda_j(x)\, dx = 2\delta d_{j0}$$

folgt. Andrerseits haben die LAGRANGEschen Koeffizienten die Darstellung

$$\lambda_j(x) = \frac{V_N(x)}{V'_N(x_j)\,(x - x_j)} = \frac{T_N(x) + c}{T'_N(x_j)\,(x - x_j)}$$

$$= \frac{T_N(x) - T_N(x_j)}{T'_N(x_j)\,(x - x_j)}, \qquad j = 1(1)\,N\,.$$

Setzt man dies ins Integral ein und berücksichtigt die spezielle Gestalt von $W(x)$ zusammen mit den Orthogonalitätseigenschaften der TSCHEBYSCHEFFschen Polynome, so folgt schließlich

$$g_j = \frac{2\delta}{\pi T'_N(x_j)} \int_{-1}^{1} \frac{V_N(x)}{x - x_j} (1 - x^2)^{-1/2}\, dx\,.$$

Entsprechend den Ausführungen in [1] erhalten wir

$$d_{j0} = \frac{1}{(N-1)\, T'_N(x_j)} \sum_{k=0}^{N-1}{}'' \frac{T_N(\xi_k) - T_N(x_j)}{\xi_k - x_j}$$

$$= \frac{1}{N-1} \sum_{k=0}^{N-1}{}'' \lambda_j(\xi_k)\,.$$

Ist zufällig $x_j = \xi_k$ für zwei Indizes k und j, dann ersetzen wir den Quotienten durch die Ableitung. Demnach ist

$$g_j = \frac{2\delta}{(N-1)\, T'_N(x_j)} \sum_{k=0}^{N-1}{}'' \frac{T_N(\xi_k) - T_N(x_j)}{\xi_k - x_j}\,.$$

Schließlich ist

$$L_N(f, x) = \sum_{i=1}^{N} \lambda_i(x)\, f(x_i)$$

$$= \sum_{i=1}^{N} \sum_{j=0}^{N-1} \langle \lambda_i(x), Q_j(x) \rangle\, Q_j(x)\, f(x_i)$$

$$= \sum_{i=1}^{N} \sum_{j=0}^{N-1} \sum_{r=1}^{N} g_r \lambda_i(x_r)\, Q_j(x_r)\, Q_j(x)\, f(x_i)$$

$$= \sum_{i=1}^{N} \langle \lambda_j, K_N \rangle\, f(x_i)\,,$$

womit die Zusammenhänge klargelegt sind.

Damit sind Existenz und explizite Konstruierbarkeit gezeigt. Der algebraische Genauigkeitsgrad des Verfahrens ist nach Konstruktion N.

4. Literatur

1 CLENSHAW, C. W.; CURTIS, A. R., A method for numerical integration on an automatic computer, Numer. Mathem. 2, 197–205 (1960).

2 FILIPPI, S., Angenäherte TSCHEBYSCHEFF-Approximation einer Stammfunktion – eine Modifikation des Verfahrens von CLENSHAW und CURTIS, Numer. Mathem. 6, 320–328 (1964).

3 LOCHER, F., Fehlerabschätzungen für das Quadraturverfahren von CLENSHAW und CURTIS, COMPUTING 4, 304–315 (1969).

4 ENGELS, H., Numerical Quadrature and Cubature, Academic Press, London (erscheint demnächst).

5 KUSSMAUL, R., CLENSHAW-CURTIS quadrature with a weighting function, COMPUTING 9, 159–164 (1972).

Eingereicht am 28. 6. 1976, korrigierte Fassung 21. 1. 1977

Anschrift: Prof. Dr. HERMANN ENGELS; Dipl.-Math. C. M. K. MAURER-CRUTZEN, Institut für Geometrie und Praktische Mathematik der Technischen Hochschule, Templergraben 55, D 5100 Aachen, BRD

ZAMM 57, 729–730 (1977)

MIN MING TANG / CHUNG YOU HO

The Asymptotic Behavior of a Semilinear Parabolic Evolution Equation

In this note we will study the asymptotic behavior of the solution of a *semilinear evolution equation* as $t \to \infty$. The equation we will consider is

$$u_t - \Delta u = \lambda(u - u^3) \quad \text{in} \quad \Omega \subset E^n$$
$$u = 0 \quad \text{on} \quad \partial\Omega; \quad \text{and} \quad u(x, 0) = h(x)\,. \tag{1}$$

$\lambda > \lambda_c$, λ_c is the *least eigenvalue* of the eigenvalue problem

$$-\Delta\Phi = \lambda\Phi; \qquad \Phi = 0 \quad \text{on} \quad \partial\Omega\,. \tag{2}$$

Problems of the form of equation (1) arise in the study of chemical and nuclear reactor theory and in reaction-diffusion equation of biosciences. MILLMAN and KELLER [3] and HABETLER and MATKOWSKY [1] obtained uniformly valid asymptotic expansions of (1) in terms of a small parameter ε, provided $\lambda = \lambda_c + \varepsilon^2$ and $u(x, 0) = \varepsilon h(x)$. They further showed that the solution decayed to a non-zero steady state solution which was independent of the non-zero small initial data. MAGINU [2] studied the dynamical properties of some reaction-diffusion equations where the solutions of these nonlinear parabolic systems decayed to a nonzero solution.

We shall prove here that a solution of (1) exists and is unique for arbitrarily large initial values and any λ greater than λ_c. We are able to prove an apriori bound for the size of the solution which is independent of the non-zero initial values. A numerical example is considered where the solution decays to a steady state solution which is independent of the size of the nonzero initial values.

Theorem. *There exists a unique solution of equation* (1) *for all time* $t > 0$. *Moreover, the solution of* (1) *is apriori bounded independent of time and the solution* $u(x, t)$ *satisfies the inequality*

$$\int_\Omega u^2(x, t)\, dx \leqq B(t) = \frac{\lambda}{\text{mes}\,\Omega} \left[\frac{1 - e^{-2(\lambda-\lambda_c)t}}{\lambda - \lambda_c} + \frac{e^{-2(\lambda-\lambda_c)t}}{\int_\Omega h^2(x)\, dx} \right]^{-1}. \tag{3}$$

As $t \to \infty$, $B(t) \to \dfrac{(\lambda - \lambda_c)\,\text{mes}\,\Omega}{\lambda}$ *which is independent of the non-zero initial data.*

Numerical Example. Consider the equation

$$u_t = u_{xx} + 2\pi^2(u - u^3); \qquad 0 < x < 1; \qquad t > 0\,.$$
$$u(0, t) = u(1, t) = 0,\ t > 0; \tag{4}$$

$$u(x, 0) = \sin \pi x\,, \tag{a}$$

$$u(x, 0) = 2 \sin \pi x\,. \tag{b}$$

To numerically evaluate $u(x, t)$ for both (4a) and (4b) we use the explicit method of finite difference approximation of the form

$$u_{i,j+1} = u_{i,j} + r(u_{i-1,j} - 2u_{i,j} + u_{i+1,j}) +$$
$$+ 2\pi^2 k(u_{i,j} - u_{i,j}^3)\,, \tag{5}$$

where

$$r = \frac{\Delta t}{(\Delta x)^2} = \frac{k}{h^2}\,.$$

By symmetry of the boundary condition and the initial condition, it is necessary only to compute the results for $0 \leqq x \leqq 1/2$. We choose $h = .05$ and $k = .00125$ and $r = 1/2$. For $r > 1/2$, we noticed our iteration scheme did not converge. We summarize the numerical results in the following two tables.

(4a) Values of $u_{i,j}$

	$j = 0$	100	200	300	400
$i = 2$	.3090	.2899	.2854	.2850	.2850
4	.5878	.5284	.5209	.5202	.5202
6	.8090	.6919	.6831	.6823	.6822
8	.9511	.7828	.7736	.7728	.7727
10	1.0000	.8115	.8022	.8014	.8013

(4b) Values of $u_{i,j}$

	$j = 0$	100	200	300	400
$i = 2$	.6180	.2994	2862	.2851	.2850
4	1 176	5442	5222	5204	.5202
6	1 618	7105	.6846	.6824	6822
8	1 902	.8021	7751	7729	7727
10	2.000	.8308	.8038	.8015	.8013

In both these cases the solution converges to the same values independent of the size of the initial data.

Proof of the Theorem. We shall only give a detailed proof of inequality (3). We mention here that by DiGiorgi-Nash techniques the L^2 estimate given by (3) can be improved to an L^∞ estimate; and existence and uniqueness of the solution follows from this L^∞ estimate. [See Tang [4] for further details of the method.]

Multiplying equation (1) by u and integrating over Ω, we obtain the identity

$$\frac{1}{2} \frac{\partial}{\partial t} \int_\Omega u^2 \, dx + \int_\Omega |\nabla u|^2 \, dx = \lambda \int_\Omega u^2 \, dx - \lambda \int_\Omega u^4 \, dx .$$

Since

$$\int_\Omega |\nabla u|^2 \, dx \geqq \lambda_c \int_\Omega u^2 \, dx$$

and

$$\int_\Omega u^2 \, dx \leqq \Big(\int_\Omega 1 \, dx\Big)^{1/2} \Big(\int_\Omega u^4 \, dx\Big)^{1/2}$$

we set

$$\varphi(t) = \int_\Omega u^2(x, t) \, dx$$

to obtain the Bernoulli differential inequality

$$\varphi'(t) + 2(\lambda_c - \lambda)\, \varphi(t) + \frac{2\lambda}{\text{mes } \Omega} \varphi^2(t) \leqq 0 ,$$

$$\varphi(0) = \int_\Omega h^2(x) \, dx .$$

Setting $\psi(t) = 1/\varphi(t)$, and dividing the above by $\varphi^2(t)$, we obtain

$$-\psi'(t) + 2(\lambda_c - \lambda)\, \psi(t) \leqq -\frac{2\lambda}{\text{mes } \Omega}$$

or

$$\psi'(t) + 2(\lambda - \lambda_c)\, \psi \geqq \frac{2\lambda}{\text{mes } \Omega} .$$

Solving the differential inequality for ψ and taking reciprocals, we obtain inequality (3).

References

1 Habetler, G J, Matkowsky, B J, On the validity of a nonlinear dynamic stability theory, Arch. Rat. Mech Analysis 57, 168–188 (1975).
2 Maginu, K, Reaction-diffusion equation describing morphogenesis I Waveform stability of stationary wave solutions in a one dimensional model, Math. Biosciences 27, 17–98 (1975).
3 Millman, M. H, Keller, J B., Perturbation theory of a nonlinear boundary value problems, J Math. Phys. 10 (2), 342–361 (1969).
4 Tang, M M., Asymptotic stability of some quasilinear parabolic equations in divergence form. L^∞ Results, J Math Analysis Appl. (to appear).

Eingereicht am 9. 9. 1976

Anschriften: Dr. Min Ming Tang, Department of Mathematics, Dr. Chung You Ho, Department of Computer Science, University of Missouri-Rolla, Rolla, Missouri 65401, USA

BUCHBESPRECHUNGEN

Leibovich, S. / Seebass, A. R. (Ed.), Nonlinear Waves. Ithaca / London. Cornell University Press. 1974. XII + 331 S.

Das vorliegende Buch gibt eine ausgezeichnete Einführung in die Grundlagen und die Ergebnisse der aktuellen, erfolgreichen Entwicklungen der Theorie nichtlinearer Wellenvorgänge. Es setzt sich aus 11 Aufsätzen (= Kapiteln) bekannter Wissenschaftler zusammen. Diese Kapitel sind in der Mehrzahl aus Vorträgen eines 1969 an der Cornell University durchgeführten Spezialseminars hervorgegangen. Es existiert bisher keine zusammenhängende Darstellung des behandelten Gebietes.

Der Stil des Buches ist so angelegt, daß sich der fortgeschrittene Student leicht in die Materie einarbeiten kann. Die ersten 4 Kapitel sind speziell zur Einführung vorgesehen und sind pädagogisch besonders sorgfältig ausgestaltet worden. Der Gesamtinhalt des Buches kann für Naturwissenschaftler und Ingenieure aller Fachrichtungen (speziell auch für Meteorologen und Ozeanographen) von großem Nutzen sein.

Der gegenwärtige Zustand der Theorie nichtlinearer Wellenvorgänge wird von den Herausgebern im Vorwort wie folgt charakterisiert: „No widely accepted classification of nonlinear waves exists. Still, a rough separation can be made into nondispersive motions (d. h., Frequenz und Wellenzahl sind proportional — Anm. d. Ref.), which frequently can be described by quasilinear hyperbolic partial differential equations, and dispersive motions (d. h., es besteht ein nichtlinearer Zusammenhang zwischen Frequenz und Wellenzahl; eine sog. Dispersionsrelation — Anm. d. Ref.). Most of the recent advances concern dispersive motion. Much of the newer work may be divided, somewhat arbitrarily, into two categories. In the first class of problems, ad hoc singular perturbation techniques or averaging methods are employed to construct a uniformly valid solution; the aim is to correct a linearized solution in order to account for the cumulative effect of weak nonlinearities, or to modify a nonlinear solution in order to account for small departures from periodicity, or to allow for some other modulation. In the second group of problems, the exact behavior of solutions of model equations is studied. These model equations usually arise as approximations to more complicated systems."

Aus der Vielzahl der behandelten Probleme (s. Liste der Kapitel) seien stellvertretend genannt erstens die Methode der „gemittelten Variationsprinzipe" von G. B. Witham, mit deren Hilfe auf sehr übersichtliche Weise Dispersionsrelationen gewonnen werden können, und zweitens die vielbeachtete Transformation von Gardner, Greene, Kruskal und Miura, die der nichtlinearen Korteweg-de Vries-Gleichung (KdV equation) über ein Eigenwertproblem eine lineare Integralgleichung zuordnet (und exakte Lösungen der KdV-Gleichung liefert). In Kapitel XI wird diese Transformation von P. D. Lax auf ihren mathematischen Hintergrund hin untersucht und zu einer ausbaufähigen Methode verallgemeinert (Ansatzpunkt ist die Frage nach der unitären Äquivalenz aller Operatoren $L(t)$ einer Schar vom Sturm-Liouville-Typ $L(t) = d^2/dx^2 + u(t)$ (.) mit dem Parameter t).

Übersicht über die einzelnen Kapitel: I. Introduction to wave propagation (W. D. Hayes). II. Linear dispersive waves (S. A. Thau). III. Quasilinear Hyperbolic Systems that result from conservation laws (C. M. Dafermos). IV. Examples of dissipative and dispersive systems leading to the Burgers and the Korteweg-de Vries equations (S. Leibovich, A. R. Seebass). V. Dispersive waves and variational priciples (G. B.

WITHAY). VI. Conservation of wave action (W. D. HAYES). VII. Wave interactions (O. M. PHILLIPS). VIII. The KORTEWEG-DE VRIES equation: a model equation for nonlinear dispersive waves (R. M. MIURA). IX. Structure of collisionsless shocks (R. E. MEYER). X. Wave motion in stratified fluids (CHIA-SHUN YIH). XI. Invariant functionals of nonlinear equations of evolution (P. D. LAX).

164 Literaturzitate, Namen- und Sachverzeichnis.

Dresden Th. RIEDRICH

Marchuk, G. I., Methods of Numerical Mathematics, Berlin-Heidelberg-New York. Springer-Verlag, 1975. XII, 316 S., 10 Abb., DM 72,80. US $ 29.80. (Applications of Mathematics 2).

Wie der Titel bereits sagt, behandelt das Buch Methoden der Numerischen Mathematik, wobei sich der Verfasser auf die Herausarbeitung der grundlegenden Ideen konzentriert. Kompliziertere Probleme der Mathematischen Physik werden auf einfachere zurückgeführt, die theoretisch besser erforscht sind und ihre Lösung durch Anwendung effektiver Algorithmen auf modernen Rechenanlagen gestatten. Alle Methoden werden an Hand gut ausgewählter Beispiele vorgeführt, die als Muster für die Behandlung analoger Probleme dienen. Allerdings bleiben dabei verschiedene Einzelheiten dem Leser überlassen. Insbesondere werden in dem Buch nur sechs Sätze explizit formuliert und davon nur zwei bewiesen. Doch wird wegen theoretischer Verallgemeinerunen ausdrücklich auf die zitierte Fachliteratur verwiesen, die 19 Seiten ausmacht und nach 20 Sachgebieten übersichtlich geordnet ist.

Nach der Darlegung funktionalanalytischer Grundlagen beginnt das Buch mit Differenzen- und Variationsmethoden zur Lösung gewöhnlicher und partieller Differentialgleichungen, einschließlich der Methode der finiten Elemente und der Spline-Approximation. Kapitel 3 ist den stationären und Kapitel 4 den instationären Problemen gewidmet, wobei Iterations-, Projektions- und Aufspaltungsverfahren sowie verschiedene Verbesserungen dieser Verfahren zur Konvergenzbeschleunigung bzw. Stabilisierung im Vordergrund stehen, ein Teilabschnitt geht auf die schnelle FOURIER-Transformation ein. Das nächste Kapitel bietet die numerische Behandlung inverser Probleme, die immer mehr an praktischer Bedeutung gewinnen (inkorrekt gestellte bzw. bedingt korrekt gestellte Probleme). Die nächsten beiden Kapitel befassen sich mit den üblichen Typen partieller Differentialgleichungen, die in den Anwendungen auftreten, bis zur Transportgleichung für die Ausbreitung von Strahlung unter verschiedenen Voraussetzungen hinsichtlich ihrer Streuung. Das letzte Kapitel ist eine erweiterte Fassung des sehr wertvollen Berichts, den der Verfasser 1970 auf dem ICM in Nizza vorgetragen hat. Dieser Bericht gibt noch einmal einen zusammenfassenden Überblick über den Stoff des Buches sowie einen Ausblick auf weitere wichtige Methoden der Numerischen Mathematik.

Die Durcharbeitung des Buches ist in jeder Hinsicht ein Gewinn. Die Stoffauswahl wurde in Vorlesungen an der Universität Novosibirsk erprobt. Die Übersetzung ist gut lesbar (nur auf Seite 31 bei der Formel (4.7) nicht ganz zutreffend. Auf Seite 141 muß bei den Zitaten zweimal das Wort „und" wie im russischen Original durch ein Komma ersetzt werden, da sonst ein Mißverständnis entsteht. Noch besser wäre, die Arbeiten von BABENKO und CHENTZOV ebenfalls genau zu zitieren).

Rostock L. BERG

Chorlton, F., Vector & Tensor Methods, Chichester. Ellis Horwood Limited. 1976. 335 S., £ 8.–. $ 7.70. (Mathematics & its Applications).

Es handelt sich um eine Einführung in die Vektoranalysis. Der Inhalt kann durch folgende Stichworte andeutungsweise beschrieben werden: Skalare und vektorielle Größen, Vektoralgebra, sphärische Trigonometrie, Flächen zweiter Ordnung, Differentiation eines Vektors; Skalar- und Vektorfelder, Gradient, Divergenz, Rotor-GAUSScher, STOKESscher und GREENscher Satz, Potentialtheorie; Anwendungen in der Hydro- und Elektrodynamik, Tensoranalysis im kartesischen Koordinatensystem, NAVIER-STOKESsche Gleichungen, isotrope elastische Körper. Man findet zahlreiche durchgerechnete Beispiele und Übungsaufgaben, deren Lösungen am Schluß zusammengestellt sind.

Durchweg wird großer Wert auf geometrische Veranschaulichung und physikalische Anwendungen gelegt. Auf eine Präzisierung der mathematischen Voraussetzungen wird weitgehend verzichtet. Verfasser sagt dazu: „. . .This book is essentially the consummation of many years of teaching experience. As a textbook in applied mathematics its foundations are geometrical and physical rather than abstract, and every effort has been made to impart concrete meaning to the more recondite notions. . .".

Wenn man bereit ist, sich mit diesem Anliegen zu identifizieren, ist das vorliegende Buch eine gelungene Darstellung der Vektorrechnung.

Es wäre jedoch wünschenswert, mathematische Schwierigkeiten wenigstens anzudeuten oder auf weiterführende Literatur hinzuweisen. Es entsteht sonst allzu leicht der Eindruck, eine tiefer gehende Analyse trage zum Verständnis angewandter Fragestellungen kaum etwas bei. Aber gerade die Ergebnisse der modernen Analysis haben beispielsweise die Hydrodynamik in starkem Maße gefördert. Man sollte vielleicht bedenken, daß auch das hier Gebotene von früheren Generationen als abstrakt empfunden worden wäre.

Berlin J. FÖRSTE

Alefeld, G. / Herzberger, J., Einführung in die Intervallrechnung, Zürich. B. I.-Wissenschaftsverlag. 1974. 398 S., DM 22,–. (Reihe Informatik 12).

Die Intervallrechnung als Methode, statt mit Zahlen mit Intervallen zu rechnen, wurde in den letzten 10 Jahren sehr stark beachtet. Der Grund dafür liegt in der Notwendigkeit, bei automatischen Rechnungen größeren Umfangs Aussagen über die Fehler zu gewinnen. Obwohl auch in der klassischen praktischen Analysis die Fehlerrechnung eine große Bedeutung hatte, wurde sie meist nur approximativ ausgeführt. Erst durch Arbeiten von MOORE wurde zwischen 1962 und 1965 der Anstoß gegeben, hier umfassende Untersuchungen durchzuführen, allerdings existierten auch früher bereits Arbeiten über diesen Gegenstand. Im vorliegenden Buch werden die Grundlagen und die Anwendungen der Intervallarithmetik in einer für die Lehre geeigneten Form dargestellt. Dabei können die Verfasser auf eine große Anzahl eigener Beiträge zurückgreifen. Der Aufbau des Buches ist so, daß zunächst das Rechnen mit reellen Intervallen und die typischen Eigenschaften eines metrischen Raumes von Intervallen behandelt werden. Ausführlich werden die Unterschiede zwischen den Intervallen, die als Wertebereiche von Funktionen und bei der intervallmäßigen Auswertung dieser Funktionen auftreten, behandelt. Es folgt die Darstellung der komplexen Intervallrechnung und der komplexen Kreisscheibenarithmetik. Die damit geschaffenen Grundlagen werden bei der numerischen Lösung linearer und nichtlinearer Gleichungen und Gleichungssysteme angewandt. Einen großen Anteil daran hat die lineare Algebra mit Intervallen. Auf Einzelheiten sei hier nicht näher eingegangen. In Anhängen wird die Realisierung mit Hilfe von ALGOL-Programmen dargestellt. Das Literaturverzeichnis ist sehr ausführlich und dürfte einen sehr großen Teil der einschlägigen Literatur erfassen. Insgesamt ist das Buch außerordentlich empfehlenswert, es gibt sowohl einen guten Überblick über die Möglichkeiten der Intervallrechnung als auch eine ausführliche Darstellung vieler Einzelheiten.

Berlin K. H. BACHMANN

Kröner, E., Statistical Continuum Mechanics, Wien-New York. Springer-Verlag. 1971. 157 S., 1 Abb., DM 21,30. $ 152,–.

Wer sich aus welchen Gründen auch immer mit einer neuen Forschungsrichtung bekannt machen möchte, sucht oft vergeblich zunächst nach einem Werk, das ihm schnell und doch auf seine Unkenntnis Rücksicht nehmend, ohne daß Zusatzliteratur erforderlich wäre, Wesen und Inhalt der Problematik ins Bewußtsein rückt. Eine solche Aufgabe erfüllt für die Statistische Kontinuumsmechanik das vorliegende Werk in beispielhafter Weise. Zuerst wird das wichtigste mathematische Rüstzeug der Wahrscheinlichkeitslehre und Statistik zusammengestellt. Obwohl dieser kurze Überblick das Studium der mathematischen Theorie nicht ersetzen soll, ist er doch so gestaltet, daß mit seiner Hilfe die folgenden Ausführungen verstanden werden können. Sie beginnen mit einfachen Beispielen, welche die allgemeinen Methoden illustrieren, nach denen die Theoreme der mathematischen Statistik mit physikalischen Gesetzen zu kombinieren sind. Als klassisches Beispiel für die Anwendung der Statistik und Wahrscheinlichkeitstheorie in der Kontinuumsmechanik wird das Turbulenzproblem angeführt. Die kurzen Ausführungen demonstrieren, daß physikalische Einsicht den Formalismus ergänzen muß, damit brauchbare Resultate erzielt werden können. Diese Darlegungen legen zugleich den Grund für das zentrale Kapitel dieses Buches, welches die Theorie heterogener linearelastischer Materialien zum Inhalt hat. Es zeigt, daß die Bedingungen, unter denen das heterogene Material einem effektiven HOOKEschen Gesetz gehorcht, recht restriktiv sind. Die Standardmethode zur Berechnung der effektiven elastischen Moduln wird ausführlich behandelt. Im allgemeinen Fall hingegen ist das effektive Materialverhalten des heterogenen linear-elastischen Körpers nichtlokal, d. h. der HOOKEsche Tensor muß durch einen Integraloperator ersetzt werden. Leider geht der Verf. nicht auf dynamische Probleme ein, von denen die Frage nach der Wellenausbreitung in heterogenen Materialien besonders wichtig ist. Im Schlußkapitel beleuchtet Verf. die Perspektiven, die sich der statistischen Kontinuumsmechanik beim Plastizitätsphänomen eröffnen. Anhand einiger Übungsaufgaben kann der Leser seine erworbenen Fertigkeiten testen. Es steht zu erwarten, daß ihn die Lektüre dieses sehr klar und abgewogen verfaßten Buches befähigen wird, sich in der Orginalliteratur gut zurechtzufinden.

Dresden H.-G. SCHÖPF

GI-NTG, Fachtagung Struktur und Betrieb von Rechensystemen, Braunschweig, 20.—22. 3. 1974, Hrsg. Leilich, H.-O., Berlin-Heidelberg-New York. Springer-Verlag. 1974. VI, 340 S., DM 26,—. US $ 11.30. (Lecture Notes in Computer Science Bd. 8).

Die Fachtagung „Struktur und Betrieb von Rechensystemen" hatte zum Ziel, Gesichtspunkte und Prinzipien der Effizienz von Rechnersystemen vorzustellen. Im einleitenden Hauptvortrag werden einige Schwerpunkte herausgearbeitet, deren Lösungen auf der Tagesordnung stehen. Hierzu gehören der Datenschutz und die Datensicherung, die Mikroprogrammierung, die sprachdefinierte Architektur, Leistungsmessungen, das Parallelprozessing und die Programmierungskosten. Unter dem Aspekt der Rechnerstrukturen werden in 7 Beiträgen Mikroprogrammkonzepte, Parallelprozessorvarianten und Fragen des Einsatzes assoziativer Arbeitsspeicher erörtert. Mit Schnittstellen und Leistungskriterien befassen sich 5 Arbeiten wobei sowohl die Hardware als auch die Software zur Diskussion stehen. In 4 Beiträgen werden Probleme der Rechnersystem-Leistung und Leistungsmessung sowie BENCHMARK-Fragen angeschnitten. Die Betriebsmittelvergabe wird in 6 Referaten untersucht. Dabei werden analytische Modelle zur Leistungsanalyse, die Analyse von Betriebssystem-Modellen, das Programmverhalten in Abhängigkeit vom verfügbaren Hauptspeicher und Durchsatzfragen behandelt. Die vorgelegten Arbeiten offenbaren die Mannigfaltigkeit der gegenwärtigen Forschung auf dem durch Zielstellung der Tagung umrissenen Teilgebiet und weisen auf perspektivische Linien hin.

Zeuthen H. W. MEIER

Temme, N. M. (Hrsg.), Nonlinear Analysis, Bd. 1 und Bd. 2, Amsterdam. Mathematisch Centrum. 1976. 140 und 200 S., Dfl. 15,— und Dfl. 21,—.

In January 1975, the department of Applied Mathematics of the Mathematical Centre in Amsterdam initiated a colloquium on Nonlinear Analysis in order to give a mathematical introduction for workers in this field, especially those from applied mathematics, physics, biochemics and biology. For these workers no much accessible literature is available and they need, apart from the theory, clear examples of applying nonlinear analysis. The both volumes contain the proceedings of the lecture of this colloquium. The central theme ist the study of nonlinear eigenvalue problems and bifurcation problems. The authors succeeded in choosing the main topics from nonlinear analysis and in representing the material in a clear and accessible form. Theory and applications alternate in a good manner. At the end of each chapter there are references to the original literature. The volums can be very recommended for worker in nonlinear analysis, especially those applying nonlinear analysis to practical problems.

Volum 1 contains the following chapters: I. A nonlinear eigenvalue problem from chemical engineering literature (simultaneous occurence of a catalytic reaction and mass transfer through diffusion). II. The topological degree of a mapping (in R^n). III. Chemical reactions described by autonomous ordinary differential equations (a priori bounds for solutions, existence and stability of equilibrium points). IV. Bifurcation and stability of steady states (investigation of the bifurcation points of $F(x, \alpha) = 0$ in R^n). V. Bifurcation of periodic solutions and a mathematical model for the struggle between antigen and antibody (bifurcation of periodic solutions from an equilibrium point of $dx/dt = F(x, \lambda)$ in R^n).

Volum 2 contains the following chapters: VI. Some topics from functional analysis (RIESZ-SCHAUDER theory of compact operators on a BANACH space, FRECHÉT differential calcul, implicit function theorem). VII. Bifurcation theory for operators on a BANACH space (results based on linearization and perturbation analysis). VIII. The topological degree of mappings in BANACH spaces. IX. Some nonlinear problems from physics (nonlinear eigenvalue problems, rotation of a heavy string, generation of heat in materials with temperature dependent electric conductivity, model of an isothermal star in gravitational equilibrium). X. Variational methods for nonlinear operator equations (SOBOLEV spaces, potential operators, monotone operators and convexe functionals, extreme points, fixed point theorems, constrained extreme points, eigenvalue problems and bifurcation theory).

Berlin K. R. SCHNEIDER

Germain, C. B., Das Programmier-Handbuch der IBM/370, München-Wien. Carl Hanser Verlag. 1976. XVI, 1128 S., 401 Abb., DM 58,—. (Aus dem Amerikanischen).

Dieses umfangreiche Werk ist die Neubearbeitung des Buches „Das Programmierhandbuch der IBM 360" für das neuere System IBM 370. Es umfaßt alle Teilgebiete der Programmierung und ist Handbuch, Nachschlagewerk und Lehrbuch zugleich. Vorkenntnisse werden keine vorausgesetzt. Das letztere ist jedoch nur bedingt richtig, da der Umfang des behandelten Stoffes bewirkt, daß einige Kapitel zu Aufzählungen technischer Details werden, deren Verwendungszweck nur dem versierten Programmierer klar ist.

Der Textteil des Buches beginnt mit Kapiteln über die Hollerithtechnik, über die mathematischen Grundbegriffe (Zahlen, Matrizen, Boolesche Algebra, elementare Funktionen) und über die Wirkungsweise des Rechners. Danach werden die elementaren Befehle der IBM 360 und ihre Formate vorgestellt (in numerischer Codierung). Die beiden anschließenden Kapitel behandeln ausführlich die hardwaremäßigen Ein- und Ausgabemöglichkeiten des Systems, d. h. die Kanäle mit ihren Anschlüssen und das Erstellen von Kanalprogrammen. Hierbei werden alle Gerätearten einzeln erläutert. Es folgt die Behandlung der komplizierteren Maschinenbefehle, d.h. Gleitkommaoperationen, privilegierte Befehle, Maskenbefehle, Unterbrechungsbefehle und Speicherschutzoperationen. Das nächste Kapitel erläutert die Begriffe des virtuellen Speichers und der Mikroprogrammierung, in denen sich die Systeme 360 und 370 hauptsächlich unterscheiden. Diesem Teil, der die Maschinenfunktionen bringt, folgen einige Kapitel über die Grundlagen der Programmierung (Flußpläne, Datensätze, Dateien), über die Betriebssysteme und ihren Aufbau (DOS, OS) und über die Programmierungssprache PL/I, FORTRAN, COBOL und AL (Assembler). Die Programmierungssprachen werden an Beispielen erklärt, und es wird ausführlich auf ihre Verbindung zu den Betriebssystemen eingegangen. Anschließend werden die Macroanweisungen in DOS und OS getrennt behandelt, wobei der Akzent auf der Erklärung bestimmter Systemmacros liegt (etwa für Ein- und Ausgabe), während die Macrodefinitionen nur anhand eines Beispiels kurz erklärt werden. Der Textteil des Buches endet mit einigen Ausführungen über die Organisation von Programmierungsarbeiten, über rekursives Programmieren und über Sortiermöglichkeiten.

Der Anhangsteil umfaßt etwa 100 Seiten und enthält u. a. Codetabellen, eine Liste der Befehle, eine Aufstellung der Wortformate und der Werte des Bedienungsschlüssels, Angaben über die einzelnen Modelle des Systems, Übersichten über das Programmstatuswort, die Unterbrechungsschlüssel und die permanenten Hauptspeicherzuordnungen. Weiter gibt es Übersichten über die Anweisungen und Datenformate der Sprachen PL/I, FORTRAN, COBOL, AL und der Jobsteuersprache JCL.

Im Text des Buches finden sich viele Beispiele und Aufgaben, hauptsächlich aus dem kommerziellen Bereich.

Berlin R. STROBEL